【辐射安全与防护培训教材】

辐射、人与环境

简要介绍电离辐射、辐射的效应与应用，以及安全使用辐射的措施

国际原子能机构(IAEA) 编著
王晓峰 周启甫 等译 李嘉梁 审校

原子能出版社

图书在版编目（CIP）数据

辐射、人与环境 / 国家环保总局核安全司编.
—北京：原子能出版社，2006.8（2008.8 重印）
辐射安全与防护培训教材
ISBN 978-7-5022-3720-2

Ⅰ.辐… Ⅱ.国… Ⅲ.①电离辐射－技术培训－
教材②辐射防护－技术培训－教材 Ⅳ.①O644.2②
TL7

中国版本图书馆 CIP 数据核字（2006）第 099258 号

辐射、人与环境

出版发行	原子能出版社（北京市海淀区阜成路 43 号 100037）
责任编辑	孙凤春
责任校对	冯莲凤
责任印制	丁怀兰
印　　刷	保定市中画美凯印刷有限公司
经　　销	全国新华书店
开　　本	787mm × 1092mm 1/16
印　　张	5.5
字　　数	84 千字
版　　次	2006 年 8 月第 1 版 2008 年 8 月第 2 次印刷
书　　号	ISBN 978-7-5022-3720-2
印　　数	3 001 — 6 000　　**定　　价** 35.00 元

　网址： http://www.aep.com.cn

《辐射安全与防护培训教材》编委会成员

目　录

第一章 引 言

辐射是不依人的意志为转移的客观事物。在我们赖以生存的环境中，辐射无处不在。太阳发出的由核反应产生的光和热，是人类生存所必需的，天然的放射性物质则广泛地分布于整个环境中，就连我们的身体内，也存在着^{14}C，^{40}K以及^{210}Po之类的放射性核素。地球上的所有生命，都是在存在着此类辐射的背景下不断进化而来的。

自从一百多年前人类发现***X射线***及放射性以来，人们一直在寻找人工产生辐射及生产放射性物质的方法。X射线的第一项应用是医学诊断，时间是1895年，离X射线的发现还不到6个月。因此，人们很早以前就认识到了使用辐射会带来好处，但在19世纪初，人们同样在不经意地受到过量X射线照射的医生身上越来越明显地看到了辐射的某些潜在危险。从那时以来，人们已经开发出了许多种辐射与放射性物质的应用。

按照辐射作用于物质时所产生效应的不同，人们将辐射分为***电离辐射***与非电离辐射两类。电离辐射包括宇宙射线、X射线和来自放射性物质的辐射。***非电离辐射***包括紫外线、热辐射、无线电波和微波。

本书仅涉及电离辐射，并常常简称为“辐射”。本书是在英国国家放射防护局合作下由国际原子能机构（IAEA）编写的，将简要介绍电离辐射、辐射的效应与应用，以及安全地使用辐射所必需采取的措施。

IAEA作为联合国负责核科学及其和平利用的专门机构，经常在国际范围内提供各种各样的用于促进辐射的安全使用的专门知识和项目。它的法定责任之一是制定可适用于管理使用辐射的各种应用的安全标准。它通过培训班和咨询服务之类的技术合作项目给其成员国提供如何适用这些标准的帮助。它还通过会议和出版物（如本书）促进信息交流。

利与害

必须分析涉及辐射的任何实践的利益与危害，以便能够有根据地判断此种实践是不是正当的，并使危害最小。电离辐射与放射性物质的发现，导致医学的诊断与治疗有了极大的进步，它们还被广泛地应用于工业、农业和科研中。不过，它们也会伤害人类，因而必须保护人员免受不必要的照射或过量照射。所以，对于我们能够控制的场合，我们必须细心权衡人员会受到辐射照射的那些实践的利与害。

公众的忧虑

对电离辐射的最大担忧来源于它可能会使受到照射的人员患上致命的疾病，以及会在后代中出现遗传缺陷。出现此类效应的可能性取决于人员受到的辐射照射的量，不管这种照射是来自天然辐射源的还是人工辐射源的。随着近几十年来人们对电离辐射效应的了解越来越多，人们已经开发出了保护人类免受各种辐射源照射的成套的**辐射防护**办法。尽管如此，公众的忧虑依然存在。

辐射只是令人生畏的疾病癌症的许多种诱因之一。由于辐射是看不见摸不着的，因而使得这一肉眼无法察觉的危害变得更加令人恐惧。每当人们想起核电站和其他设施发生过的事故以及在现今的某些事例中仍在发生的效应，以及往往把任何形式的辐射都与包括核武器在内的“核”关联起来的倾向，使得他们更加忧心重重。

使人们对辐射的担忧普遍较大的另一个原因，可能与缺乏可靠的及容易取得的信息和由此产生的误解有关。本书的目的就是向非专业人士提供必要的知识。在随后的几章中，我们将介绍各种类型的电离辐射的来源及其效应，并介绍辐射防护的原则与实践。

第二章 原子与辐射

物质的结构

世上万物都是由***原子***构成的。它们就是组成氢、碳、氧、铁和铅之类***元素***的最基本的单元。每个原子包含一个***原子核***以及若干个***电子***。原子核位于中央，体积非常小，带正电荷。电子绕原子核运动，带负电荷，其“轨迹”就是所谓的电子云或电子层，电子云没有固定的边界。原子核的直径大约是电子云的万分之一，电子本身则更要小得多。这就是说，原子内部基本上是“空的”，下面我们借助示意图进行描述。

氧原子的行星模型——中间为包含8个质子与8个中子的原子核，周围为8个轨道电子

原子中的原子核由***质子***和***中子***组成。质子带正电荷，其电量与电子所带的负电荷相等，中子不带电。这里没有必要介绍质子与中子的更深层次的结构，也没有必要具体介绍它们是如何束缚在原子核内的。每个原子包含的质子与电子的数量相同，因此呈电中性。相同或不同元素的原子可以结合成更大的、不带电的实体，称为***分子***。例如，两个氧原子可以组成一个氧分子，两个氢原子及一个氧原子结合可以组成一个水分子。

原子中电子的个数——也就是原子核中质子的个数，这个数被称为***原子序数***——决定了元素所具有的独特的特性。例如，碳的原子序数是6，铅则是82。由于质子与中子的质量基本相同，远远大于电子的质量，因此原子的质量大部分集中在原子核上。质子数与中子数之和被称为***质量数***。

由于在电中性的原子中，电子数与质子数相等，因此我们能够通过原子所包含的质子数与中子数来标识每一种原子。此外，由于每种元素所包含的质子数是唯一的，因此我们还可以简单地使用元素的名称及其质量数来标识原子的每一种变种（或称作***核素***）。

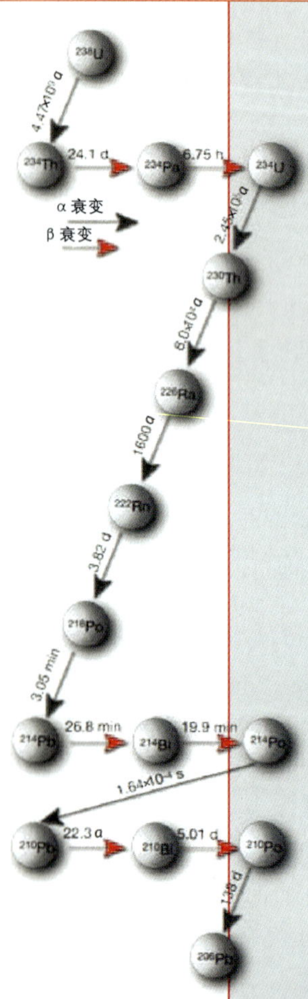

放射性核素的衰变：^{238}U 衰变系中产生的各种辐射和半衰期

譬如，^{12}C 是一种包含 6 个质子与 6 个中子的核素，^{208}Pb 则是一种包含 82 个质子与 126 个中子的核素。

质子数相同但中子数不同的某种元素的各种核素，通称为该元素的***同位素***。例如，氢有三种同位素，^{1}H（普通的氢，又称为氕，其原子核中只有一个质子），^{2}H 称为氘（一个质子加一个中子），^{3}H 称为氚（一个质子加两个中子）。铁有 10 种同位素，从 ^{52}Fe 到 ^{61}Fe，它们都有表明它们是铁的 26 个质子，所含中子数则从 26 到 35 不等。

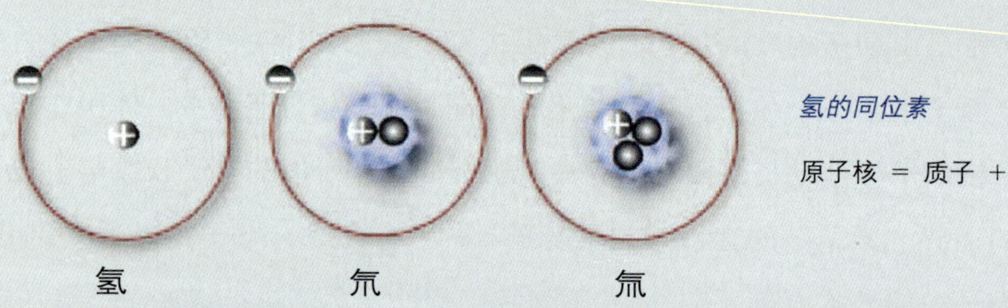

氢的同位素

原子核 ＝ 质子 ＋ 中子

放射性与辐射

尽管许多核素是稳定的，但大部分是不稳定的。核素的稳定性主要是由原子核内的质子数与中子数之间的比例决定的。较小的稳定核素，质子数与中子数基本相等；较大的稳定核素，中子数要比质子数稍微多一些。如果原子核中的中子过多，它就会把多余的中子转变成质子，从而使它的结构比较稳定。这个过程被称为贝塔（β）衰变，它能发射一个带负电荷的称为***β 粒子***的电子。如果原子核中的质子过多，它就会以不同于 β 衰变的另一种方式把多余的质子转变成中子，即此类质子通过发射带正电荷的电子（称作***正电子***）失去正电荷。

这些转变经常使原子核具有过剩的能量，它们往往以***伽玛（γ）射线***（一种高能***光子***）的形式释放出来。γ 射线是能量较高、粒子性较强的光子，既无质量又不带电。原子核发生这种自发转变的现象称为***放射性***，以（电离）辐射的形式将过剩的能量发射出来。这种转变的专用术语为***衰变***，发生转变并发射辐射的核素称为***放射性核素***。

某些重原子核会通过释放***阿尔法（α）粒子***进行衰变。这种粒子由两个质子和两个中子组成，与氦的原子核相同。α 粒子的质量要比 β 粒子的大得多，带有两个单位的正电荷。

天然放射性核素

自然界里存在着许多放射性核素。以碳为例，它通常以含有 6 个质子和 6 个中子的 ^{12}C 的形式存在，非常稳定，但它与大气中的宇宙射线发生相互作用后，能生成含有 6 个质子和 8 个中子的放射性核素 ^{14}C。含有多余中子的 ^{14}C，通过将一个中子转变为质子并发射一个 β 粒子进行衰变，转变成含有 7 个质子和 7 个中子的稳定的 ^{14}N。测量含碳物质的这些衰变是碳断代技术的基础。

另一些天然存在的放射性核素则是在以铀或钍元素为起点的衰变系中生成的。尽管

放射性核素	*不稳定的核素*
放射性	*发射辐射*
辐射类型	*α，β，γ，中子和 X 射线*
活度	*放射性核素的衰变率*
半衰期	*活度减半所需的时间*

这两个衰变系的终点都是铅的稳定核素，但它们还会在衰变过程中形成其他一些大家比较熟悉的放射性核素。第 4 页页边图示出的是起点为 ^{238}U、终点为稳定的核素 ^{206}Pb 的衰变系，中间还生成过放射性核素 ^{222}Rn，后者在放射防护中有着特殊的意义。

辐射的能量

各种类型的辐射，如 α 粒子、β 粒子和 γ 射线，其能量通常用***电子伏特***做单位，符号为 eV。由于这个单位很小，所以经常使用电子伏特的倍数，如百万电子伏特或 10^6 电子伏特，符号为 MeV。例如，^{214}Po 在衰变时发出的 α 粒子的能量大约为 7.7 MeV，^{238}U 衰

分子 ＝
结合在一起的原子

氧原子
氢原子
水分子

原子 ＝
原子核 ＋ 电子

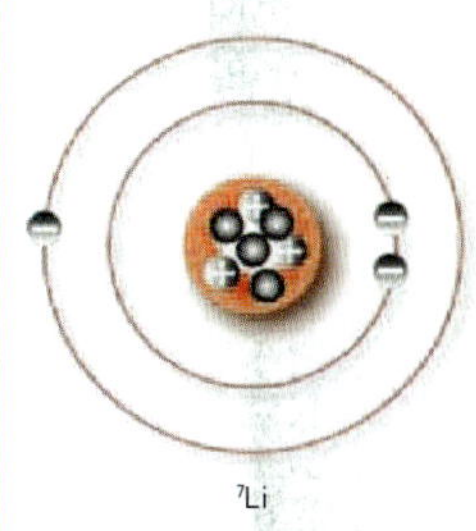

核素 ＝ 原子的变种

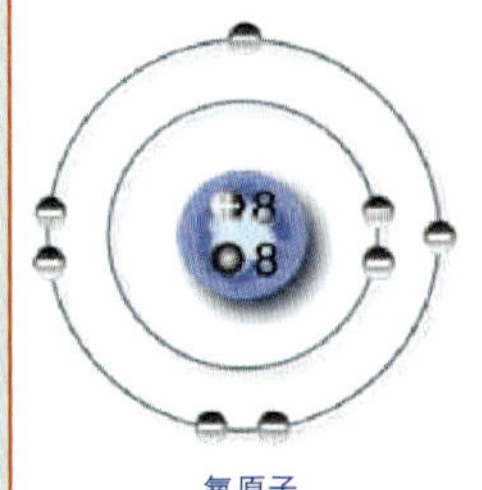

氧原子

质子
中子
电子

玛丽·居里（1867～1934年）

享利·贝可勒尔（1852～1908年）

变系中生成的^{214}Pb发出的β粒子的最大能量为1.0 MeV，伴随产生的γ射线的能量最高为0.35 MeV。

在过去的几十年里，人工制造出了几百种天然元素的放射性同位素，如^{90}Sr，^{137}Cs和^{131}I。有几种新的放射性元素也已经能大量生产，如钷和钚，尽管在铀矿石里也能找到微量的天然钚。

一定量的放射性物质在单位时间内自发地发生衰变的次数，称作该放射性物质的***活度***。活度的单位是***贝可勒尔***，简称贝可，符号为Bq，1 Bq等于每秒一次衰变。贝可勒尔这个单位是以法国物理学家享利·贝可勒尔（Henri Becquerel）的名字命名的。由于这个单位太小，所以经常使用贝可的倍数，如百万贝可或10^6贝可，符号为MBq。例如，1克^{226}Ra的活度大约为37 000 MBq，相当于每秒发射约370亿个α粒子（活度的老单位"居里"是以法籍波兰人玛丽·居里（Marie Curie）的名字命名的，1克镭的活度被定义为1居里，即1居里＝37 000 MBq）。

半衰期

放射性核素的活度减少至原有值的一半所需的时间，称为***半衰期***，符号为$t_{1/2}$。换言之，半衰期是指某个样品中一半的原子核发生衰变所需的时间。每种放射性核素的半衰期是固定不变的，从一秒的多少分之几到几十亿年不等。例如，^{131}I的半衰期为8天，^{137}Cs为30年，^{14}C为5 730年，^{239}Pu为24 000年，^{238}U则为44.7亿年。在接连的几个半衰期中，

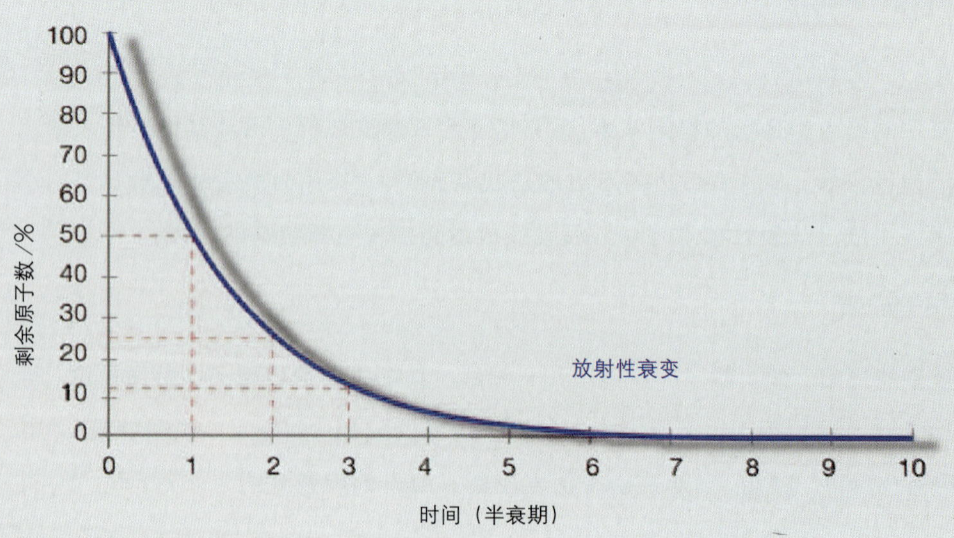

放射性核素的活度会因衰变而减至初始活度的1/2，1/4，1/8，等等。这意味着我们可以预测将来任何时候的剩余活度。随着放射性核素数量的减少，所发出的辐射也相应地减少。

辐射的类型

常见的辐射类型大多与放射性物质有关，有些类型的辐射则是通过其他方法产生的。最重要的例子就是X射线，最常见的是通过将电子束投射到金属靶（通常为钨）上产生的。金属原子中的电子先是吸收电子束的能量（用科学术语来说，这些金属原子变成了处于"激发态"的原子），之后，当这些原子"松弛"下来时，就将这部分能量以X射线的形式释放出来。因此，X射线是由金属原子产生的，而不像放射性那样是由原子核产生的。由X射线的产生机理可知，它不存在半衰期。一旦电子束被切断，X射线也就没有了。

阿尔法（α）辐射

α辐射是由较大的不稳定原子核发射出的、带正电荷的氦原子核。它是质量相对较大的粒子，在空气中的射程较短（1～2厘米），一张纸或一层皮肤就可以将其完全吸收。如果发射α辐射的核素被吸入或摄入体内，危险就比较大，因为这时的α辐射会使肺或胃的内壁之类的邻近组织受到较大的照射。

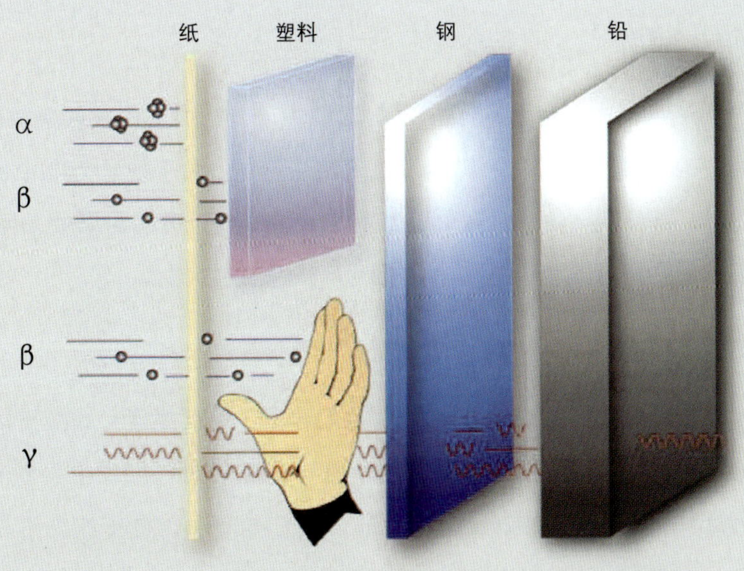

贝塔（β）辐射

β辐射是不稳定原子核发射的电子。β粒子比α粒子小得多，能够在材料或人体组织中穿行一段距离。β辐射能够被塑料板、玻璃或金属板全部吸收。通常它们不能穿透皮肤的表层。但是，受到高能β发射体的较大照射会导致皮肤灼伤。当然，如果此类发射体被吸入或摄入体内也是较危险的。

伽玛（γ）辐射

γ辐射常常是不稳定原子核在发射β粒子的同时发射出的能量很高的光子（与可见光类似的一种**电磁辐射**形式）。当γ辐射穿过物质时，会使原子发生电离，主要是因为它能与原子内的电子发生相互作用。它具有非常强的穿透能力，只有相当厚的铁或铅之类的高密度物质才能起到较好的屏蔽作用。因此，γ辐射在未吸入或摄入体内的情况下，也能给体内器官造成明显的剂量。

X射线

X射线与γ辐射一样也是一种高能光子，它是用使电子束快速减慢的办法人工获得的。X射线具有与γ辐射相似的穿透力，在没有高密度物质屏蔽的情况下，能给体内器官造成明显的剂量。

中子（n）辐射

中子（n）辐射是指由不稳定原子核发射出的中子，特别是在核裂变或核聚变期间。除了宇宙射线中有一些中子外，它们通常是人工生产的。由于中子为电中性的粒子，因此穿透能力很强，当它们与物质或人体组织相互作用时，会引起物质或人体组织发射β和γ辐射。因此，中子辐射需要较重的屏蔽材料才能使它减少。

宇宙辐射

宇宙辐射来自外层空间，是许多种辐射的混合物，包括质子、α粒子、电子，以及其他各种奇特的高能粒子。所有这些高能粒子都与地球的大气层发生强烈的作用，结果是宇宙辐射到达地面时其主要成分变为介子、中子、电子、正电子和光子。地面处的剂量主要来自介子和电子。

第三章　辐射与物质

当辐射穿过物质时，就会在该物质中留下能量。带电荷的α粒子和β粒子通过与物质中的电子发生***电相互作用***而留下能量。γ射线和X射线损失能量的途径有许多种，但是每种途径都涉及释放原子的轨道电子，被释放的电子再与其他电子发生相互作用而留下能量。中子损失能量的途径也很多，最重要的是通过与含有质子的原子核发生碰撞。碰撞后质子开始运动，由于它带电荷，同样能通过电相互作用留下能量。因此，不管是哪种情况，辐射最终总是在物质中产生电相互作用。

在某些情况下，物质中的电子接受的能量大得足以从原子或分子中逃逸出去，使得原子或分子带正电荷。右图以水分子为例说明这个过程。整个分子有十个质子和十个电子，当一个带电粒子经过该分子后，它就只剩下9个电子了，因此，作为一个整体的分子带有一个多余的正电荷。

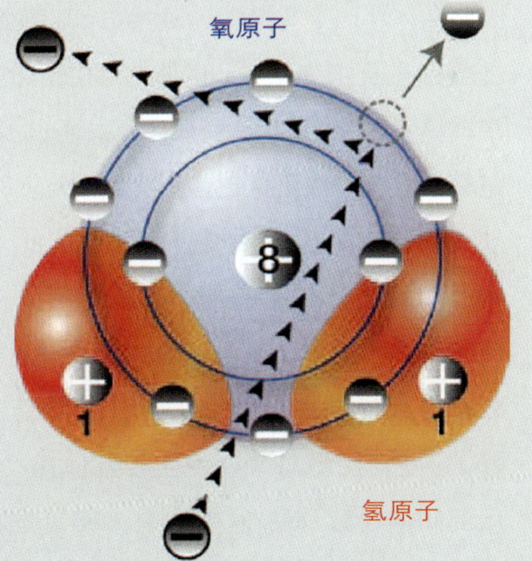

带电粒子使水分子电离

使中性的原子或分子带有电荷的这个过程称为***电离***，所产生的带电荷的原子或分子被称为***离子***。电子一旦离开原来的原子，就可以继续使其他的原子或分子电离。能引起电离的任何辐射，不管是能直接引起电离的辐射（如α粒子和β粒子），还是能间接引起电离的辐射（如γ射线、X射线及中子），统称为电离辐射。穿过原子的带电粒子，也可以将能量传递给原子中的电子但又并未使这些电子离开原子，这个过程称为***激发***。

组织中的电离

带电粒子每次使原子电离或激发，都会损失能量，直到它的能量不再足以发生此种相互作用为止。此类能量损失的最终结果是含有这些原子的物质的温度轻微升高。电离辐射留在生物组织中的所有能量，通过增加原子或分子的振动最终以热的形式消散掉。正是这些一开始的电离及最终的化学变化，导致有害的生物效应。

细胞的示意图

细胞膜

核糖体

高尔基复合体

（细胞）核

核仁

核膜

线粒体

生物组织的最基本单元是细胞，它有一个控制中心，称作***细胞核***，细胞核的结构非常复杂。（请注意不要把这个“核”与原子的“核”混为一谈。）细胞中大约80%是水，其余的20%则是非常复杂的有机化合物。当电离辐射通过细胞组织时，它会产生带电的水分子。这些水分子可分解成被称作***自由基***的实体，如由一个氧原子和一个氢原子组成的氢氧自由基（OH）。自由基的化学性质非常活泼，可以改变细胞中的重要的分子。

细胞中特别重要的一种分子是脱氧核糖核酸，即***DNA***，主要存在于细胞核中。DNA控制细胞的结构和功能，并进行自我复制。它的分子很大，携带DNA的载体称为***染色体***，可以通过显微镜看到。到目前为止，虽然我们还没有完全弄清楚辐射伤害细胞的所有途径，但大多涉及到使DNA发生改变。能够引起此种改变的途径有两条：一是辐射可以使DNA分子电离，直接引起化学变化；二是辐射使细胞中的水产生氢氧自由基，这些自由基与DNA发生相互作用，从而间接导致DNA发生改变。不管是哪一条途径，这种化学变化都能引起有害的生物效应，导致出现癌症或遗传基因缺陷。第五章将对辐射的生物效应有更详细的描述。

DNA 图

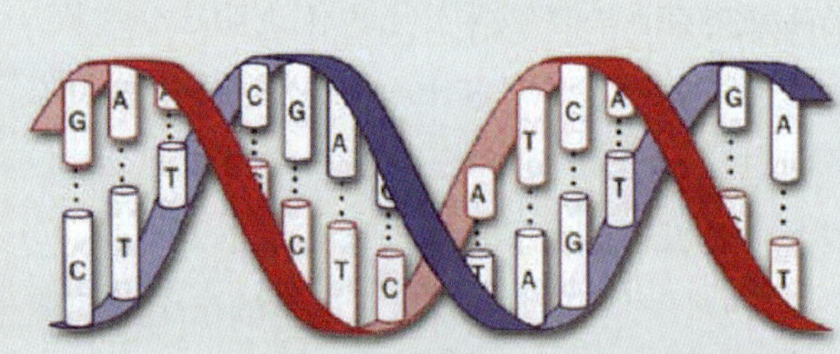

电离辐射和组织

带电粒子

电相互作用

电离

化学变化

生物效应

各种电离辐射的一个非常重要的特性，就是它们都具有穿透物质的能力。某一类型的辐射所能穿行的深度随其能量的增大而增加，能量相同但类型不同的辐射所能穿行的深度则互不相同。对于带电粒子（如α粒子与β粒子）来说，穿行深度还与其质量和电荷有关。当能量相同时，β粒子穿行的深度远大于α粒子。α粒子极少能穿透人皮肤的角质层，因此，发射α粒子的放射性核素如果不被吸入、食入或是通过伤口进入人体，几乎是没有危险的。β 粒子能穿透大约 1 厘米厚的组织，因此发射 β 粒子的放射性核素对于浅表组织是较危险的，但对于内部器官来说，只要它没有进入人体，基本上是没有危险的。对于间接电离的辐射（如 γ 射线和中子）来说，穿行的深度依赖于它们与组织发生的相互作用的性质。γ 射线能够穿过人体，因此发射 γ 射线的放射性核素，无论是在体内还是在体外，都是危险的。X 射线和中子同样能够穿透人体。

剂量的量 *

我们不能通过自己的感官直接感知电离辐射，但我们能够借助别的手段来感知和测量。这样的手段包括基于照相胶片、***盖革－弥勒计数管***和***闪烁计数器***的较成熟的方法，以及采用***热释光材料***和***硅二极管***的较新的技术。一旦我们测得有关辐射留在整个人体或人体某一特定部位内的能量值，情况就清楚了。当不能进行直接测量时（例如，当放射性核素沉积于内部器官时），倘若我们知道该器官里滞留了多少放射性活度，我们也能计算出该器官所吸收的剂量。

电离辐射留在单位质量物质（如人体组织）中的能量，称为***吸收剂量***。它的单位为***戈瑞***，简称戈。符号为 Gy，1 Gy 等于 1 焦耳每千克（J/kg）。通常使用戈的分数，如毫戈，mGy，它是戈的千分之一。戈瑞这个单位是以英国物理学家哈罗德·戈瑞（Harold Gray）（照片见第 13 页）的名字命名的。

不同种类的电离辐射与生物物质的相互作用方式不同，因此相同的吸收剂量（意思是留下的能量相等）不一定有相同的生物效应。例如，组织内 1 Gy 的 α 辐射吸收剂量的危害要大于 1 Gy 的 β 辐射吸收剂量，因为 α 粒子的速度慢、电荷多，因而沿途留下的能量的密度也大得多。因此，为了把各种不同类型的电离辐射置于从引起损害的潜力角度看相同的基础上，我们需要另外的量，这个量就是***当量剂量***，它的单位为***希沃特***，简称希，符号为 Sv。通常使用希的分数，如毫希，mSv，它是希的千分之一。希沃特这个单位是以瑞典物理学家罗尔夫·希沃特（Rolf Sievert）（照片见第 13 页）的名字命名的。

当量剂量等于吸收剂量乘以一个因子。这个因子考虑特定类型的辐射在组织中分送能量的方式，以便我们能顾及它们在使生物受到损害方面的相对效力。对于 γ 射线、X 射线和 β 粒子，辐射权重因子设定为 1，因此它们的吸收剂量与当量剂量的数值是相等的。对于 α 粒子，这个因子设定为 20，因此它们的当量剂量为吸收剂量的 20 倍。中子的辐射权重因子与其能量有关，其值从 5 到 20 不等。

剂量的量的层次

吸收剂量
辐射授予单位质量组织的能量

当量剂量
按不同类型的辐射可能引起的危害的大小加权后的吸收剂量

有效剂量
按不同组织可能出现的危害的大小加权后的当量剂量

集体有效剂量
一群人接受的来自某个辐射源的有效剂量

* 见第 82 页译者注 1。

有效剂量的计算

设想有这么一个情景，那里的肺、肝和骨表面受到某种放射性核素的照射。

假设这些组织接受的当量剂量分别是100，70和300 mSv。

则计算出的有效剂量是：(100 × 0.12) + (70 × 0.05) + (300 × 0.01) = 18.5 mSv。

这项计算表明，这种特定的辐射照射格局引起有害效应的风险，完全与全身均匀地受到18.5 mSv的照射引起的风险相同。

这样定义的当量剂量，提供了一个表示受到不同类型的辐射（不管它们的类型或能量如何）照射的特定组织或特定器官受到损伤的可能性的指标。因此，肺部受到1 Sv的α辐射照射与受到1 Sv的β辐射照射相比，诱发致命肺癌的***风险***（见第82页译者注2）是相等的。

人体不同部位受到相同当量剂量的照射后所产生的风险，因器官而异。例如，甲状腺的每单位当量剂量的致命恶性肿瘤风险，比肺的小。此外，还有其他类型的重要损伤，例如非致命性癌症，或因睾丸或卵巢受到辐照而引起的严重遗传损伤的风险。这些效应的种类与大小都各不相同，因此当我们评估辐射照射所导致的人体健康的总损害时，必须考虑这些效应。

组织或器官	*组织权重因子*
性腺	*0.20*
（红）骨髓	*0.12*
结肠	*0.12*
肺	*0.12*
胃	*0.12*
膀胱	*0.05*
乳腺	*0.05*
肝	*0.05*
食道	*0.05*
甲状腺	*0.05*
皮肤	*0.01*
骨表面	*0.01*
其余组织或器官	*0.05*
全身合计	***1.00***

将人体每个重要组织及器官的当量剂量乘以一个与该组织或器官相关的风险权重因子，我们就能处理所有这些复杂的问题。这些加权的当量剂量之和被称为***有效剂量***。它使我们只用一个数值就能表示出身体中各个器官所受到的剂量的当量。这种有效剂量也考虑了辐射的类型和能量，因此可以粗略地指示出身体状况的伤害情况。而且它对内照射和外照射、均匀辐照和非均匀辐照都同样适用。

用一个量把一群人或整个群体所受到的辐射剂量的总量表示出来，这样做有时是有用的。用来表示这个总量的量就是***集体有效剂量***。它是通过将一群人或整个群体中的每个人所接受的来自有关辐射源的有效剂量相加得到的。例如，个人受到的来自所有辐射源的有效剂量平均每年为2.8 mSv，全世界的总人口约60亿人，因此整个人群每年的集体有效剂量就是这两个数的乘积，大约为17 000 000 ***人·希***。人·希的符号为人·Sv。

通常“有效剂量”被简称为“***剂量***”，“集体有效剂量”被简称为“***集体剂量***”。在下面的章节中，除非确实需要使用精确的表述，否则将采用这些简称。

吸收剂量的单位为戈瑞，是以英国物理学家的名字命名的。

哈罗德·戈瑞 (1905～1965年)

罗尔夫·希沃特 (1896～1966年)

当量剂量的单位为希沃特，是以瑞典物理学家的名字命名的。

第四章　电离辐射的来源

电离辐射通过各种各样的途径进入我们的生活。有的来自天然的过程，例如地球上的铀的衰变；有的来自人工的操作，如医学中使用的X射线。因此，我们能够按照辐射的来源将它们分为天然辐射和人工辐射。天然辐射包括宇宙射线、来自地球本身的γ射线、空气中的氡的***衰变产物***，以及包含在食物及饮料中的各种天然存在的放射性核素。人工辐射包括医用X射线、来自大气核武器试验的***放射性落下灰***、由核工业排出的放射性废物、工业用γ射线，以及其他各种物品（如某些***消费品***）。关于这两种辐射来源，后面几章将进一步介绍。

每一种辐射来源都有两个重要的特性，一是它会给人类带来剂量，二是我们能够比较容易地采取一些措施影响此种剂量。直到最近，天然辐射一直被认为并不是很多而且是不可改变的，完全是一种本底现象。然而，现在我们知道，在某些地区，来自室内氡气（它本身是铀衰变的一种产物）的衰变产物的剂量非常高；另一方面，降低老房子里的氡衰变产物的浓度是相当容易的，在建新房时也可以采取措施不让这种气体的浓度过高。相反，对于其他天然辐射源的照射，我们确实很难改变它。宇宙射线、γ射线及体内的天然放射性这些基本的本底，能使全世界的公众平均每年受到约1 mSv多一点的剂量。对于大多数人而言，来自氡的衰变产物的剂量，实际上仍是不可避免的，其大小也是1 mSv多一点。

在多数情况下，控制人工辐射的来源比较容易一些，因为我们能改变或终止产生此种辐射的操作，只不过需要权衡一下利弊罢了。例如，关注来自医疗X射线检查的剂量是重要的，但是，不顾会不会损失重要的诊断信息而一味地降低剂量，就是不明智的。

联合国原子辐射效应科学委员会（UNSCEAR）建立于1955年，最初的任务是估计大气核武器试验放射性落下灰的潜在健康风险。现在，它定期发表来自所有来源的剂量数据。2000年出版的最新的调查结果见下面的圆饼图。全世界所有人平均的年剂量总共大约为2.8 mSv。大约85%来自天然来源，其中的大约一半来自室内的氡衰变产物。患者所受的医疗照射占14%，而其他的人工来源——放射性落下灰、某些消费品、职业照射、核工业的排放物——所占比例不足1%。

据《UNSCEAR 2000年向联合国大会的报告》表1和表2中的数据编制

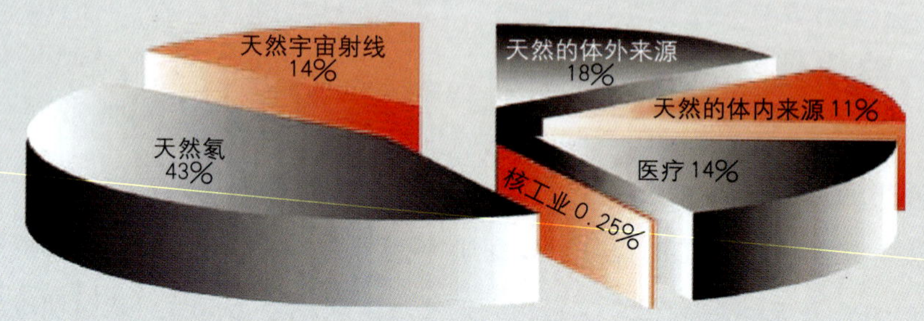

来自所有来源的平均辐射照射等于2.8 mSv/a

剂量方面变化最大的是室内的氡衰变产物引起的剂量，有些地区的年剂量可以达到10 mSv甚至更多。目前大多数国家通过法律将工作人员的职业照射年剂量限制为50 m Sv或更少，但实际上只有一小部分工作人员超过20 mSv。大量公众一年内受到的人工来源的偶然照射大于1 mSv的几分之一的情况是不太可能的。在某些诊断操作中，患者也许会接受大约10 mSv的剂量。对于含有放射性物质的消费品，诸如烟雾报警器和夜光手表，年剂量最多为1 μSv（1 Sv的百万分之一），尽管有少数不常见的消费品（如含有钍的煤气灯罩）在特定环境下也许会引起每年0.1 mSv的剂量。

全世界所有人受到的来自所有辐射来源的平均年剂量

来 源	剂 量/mSv
天然	
宇宙射线	0.4
γ射线	0.5
体内	0.3
氡	1.2
人工	
医疗	0.4
大气核试验	0.005
切尔诺贝利事故	0.002
核电	0.000 2
总计（已四舍五入）/mSv	2.8

第五章　辐射效应

以不同的速率施加于身体不同部位的、不同大小的辐射剂量，会在不同的时间引起不同类型的健康效应。

如果全身受到非常高的剂量，几个星期内就可能死亡。例如，瞬间接受5 Gy以上的吸收剂量，如果不进行治疗，致死的可能性就非常大，因为骨髓及胃肠道已遭到损伤。合适的治疗可以挽救受到5 Gy照射的人的生命，但是，当全身剂量譬如说达到50 Gy时，即使采取医疗措施，几乎可以肯定仍然是致命的。身体上有限的一个区域受到非常高的剂量时，也许不一定是致命的，但可能会出现其他的早期效应。例如，皮肤瞬间受到5 Gy的吸收剂量后一周左右就会出现***红斑***（皮肤变红且非常痛），生殖器官受到相似的剂量就可能导致生育能力丧失。此类效应被称为确定性效应，它们只在剂量或是剂量率高于某一阈值时发生，随着剂量或剂量率的增加，效应出现的时间越早且越严重。发生在个体身上的这种确定性效应，可以在临床上确定为辐射照射所致（尽管在为数不多的几个事例中，由事故引起的确定性效应并不总是能立即辨认出来的——见第十四章）。

视觉系统的确定性效应

正常晶体——光线正常地聚焦在视网膜上

患白内障的晶体——眼晶体浑浊妨碍光线通过或使光线扭曲，造成光线不能聚焦在视网膜上，导致视力减退

还有一种确定性效应要在受到照射之后过了较长的时间才发生。通常这些效应并不是致命的，但能使身体某些器官的功能削弱，或产生其他的非恶性病变，以至身体致残或不适。众所周知的例子如白内障（眼晶体浑浊）和皮肤损伤（变薄及溃疡）。通常需要几个Gy的较高吸收剂量才能产生这种后果。

如果剂量较低，或者剂量相同但受照时间较长，则身体的细胞就会有较大的机会进行修复，因而可以不出现早期的伤害迹象。尽管如此，组织或许仍然已经受到损伤，但

这种损伤的效应可能要到后半生（可能几十年之后）才出现，乃至在被照人员的后代中出现。这类效应被称为随机性效应：它们不一定发生，但将来发生的可能性随着剂量的增加而增大，任何效应发生的时间及严重程度却与剂量无关。因为对于这类效应的大多数来说，辐射并不是唯一的已知原因，因而通常临床上很难断定具体的个案是否由辐射所致。

诱发癌症

在这些随机效应中，最重要的是癌症，这种效应总是比较严重且常常致命。尽管人们对大多数癌症的确切诱因仍然一无所知或知之甚少，但是已经知道，除了受到电离辐射照射之外，接触香烟烟雾、石棉及紫外线之类的介质，都在诱发某些类型的癌症方面起着重要的作用。癌症的发展过程比较复杂，有多个阶段，通常要经历好多年。由于辐射能引起组织中正常细胞中的DNA发生突变，因而似乎主要是在起始阶段起作用。这些突变使得细胞非正常地生长，有时就能够发展成恶性肿瘤。

甲状腺滤泡癌
A.K.Padhy/IAEA

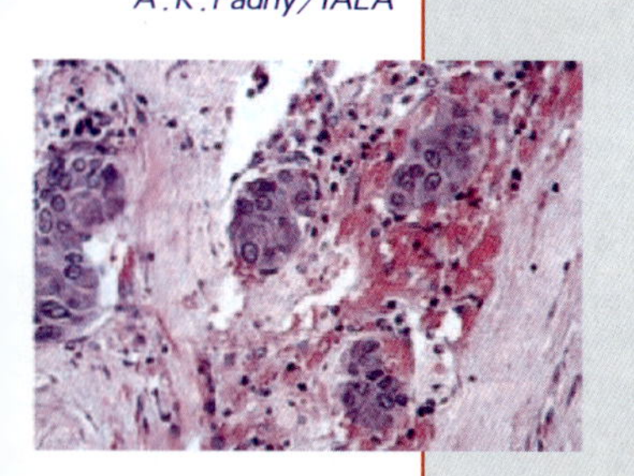

既然我们无法区分究竟是辐射照射还是其他诱因导致了癌症，那么我们是怎么计算出辐射致癌的风险的呢？在实践中，我们不得不采用流行病学的方法，即利用统计学方法研究特定群体中特定异常的发生率（案例数及它们的分布）。假设我们知道受照人群组的总人数以及他们已经接受的剂量，我们就观察该人群组的癌症发病数，并分别与未受到照射的对照组（除未受到照射外，其他方面基本相同）所接受的剂量及预期的癌症发病数相比较，我们就能估算出单位剂量所增加的癌症风险。这就是通常所说的***风险因子***。在做这种计算时，人群组越大越好，这是非常重要的，这样可以使估算值的统计不确定度最小，并便于考虑影响癌症自然发展的各种因素，诸如年龄和性别。

并不是所有的癌症都是致命的。由辐射诱发的甲状腺癌的平均死亡率大约为10%（但切尔诺贝利核电站事故导致的儿童及青少年甲状腺癌的死亡率低得多，不到1%），乳腺癌约为50%，皮肤癌约为1%。大体说来，由于全身均匀受到照射而诱发癌症的总风险，大约比诱发致命性癌症的风险大一半。由于致命性癌症风险的极端重要性，因而它在辐射防护中是备受关注的。使用致命性癌症的风险，还可以使它在与生活中遇到的其他致命性风险相比较时比较容易。相反，比较非致命风险就非常困难。

风险评估

全身受到 γ 辐射照射后增加的患癌症风险的主要资料来源，是对1945年广岛和长崎原子弹爆炸幸存者的研究。因为大量的幸存者现在仍然活着，因此预言在受照人群中最终会有多少名由辐射引起的额外癌症患者是非常必要的。为了这个目的，采用了不同的数学方法，但这样做不可避免地会给风险估算值再增加一个不确定度的来源。另外，当年在估算幸存者接受的剂量时只能是有什么资料就用什么资料，这是不确定度的另一个来源。因此，不同的评估方法得出的结论稍微不同。

另一些有关各种不同的器官及组织受到 X 射线及 γ 射线照射的风险估算值，来自为了治疗非恶性肿瘤或恶性肿瘤、或为了诊断而接受外辐射源照射的人员，以及马绍尔群岛受到大气核武器试验大量放射性落下灰照射的居民。有关 α 放射性核素的效应的资料，来自受到氡及其衰变产物照射的矿工、受到荧光涂料中的 ^{226}Ra 照射的工人、接受 ^{224}Ra 治疗骨科病的患者，以及注射含有钍氧化物的 X 射线造影剂的患者。

此类资料由UNSCEAR及ICRP按时进行评估，以便求得最恰当的风险估算值。ICRP并以这些风险估算值为基础编制辐射防护推荐书（见第 82 页译者注 3）。IAEA 在制定它自己的辐射安全标准时，会考虑 UNSCEAR 及 ICRP 的建议。

癌症的风险因子

大多数日本原子弹爆炸幸存者及研究过的其他受照人群，曾经在短时间内受到较高的剂量。这些人群的癌症发生率观察值连同他们受到的剂量的估算值表明，当剂量或剂量率较高时，剂量与风险之间有线性关系。譬如说，剂量增加一倍，风险也就增加一倍。

然而，多数辐射照射涉及的是在较长的时间内受到的较低的剂量。对于这些低水平照射，研究受照人群的癌症发生率并不能提供有关剂量与风险之间的关系的任何直接证据，因为预期由这种辐射照射引起的额外的癌症病例数实在太少（与该人群的癌症病例总数相比），无法查清楚。因此，有必要考虑有关细胞和器官的辐射效应的其他科学信息，以便得到有关可能性最大的剂量－风险关系的判断。许多年以来，国际上一直接受直到剂量为零的低剂量区也存在着线性关系这一假设（称为“线性无阈”或LNT假设），也就是说，任何辐射剂量，无论多小，都有有害的效应。然而，一些放射生物学实验一直被解释成低辐射剂量并没有有害的效应，因为身体能成功地修复由此类照射引起的所有损伤，甚至被解释成低辐射剂量可以激发细胞修复机制，以致它们实际上有助于阻止癌症的发生。另一些实验结果则一直被用作下述理论的基础：低辐射剂量造成的损害（每单位剂量）比高剂量更大，或者说辐射的遗传效应有可能随着代代相传而变得越来越严重。

2000年，UNSCEAR在低电离辐射剂量的生物学效应方面做了一次较大的回顾后得出结论："……癌症风险与辐射剂量成正比地增加的说法与日益增加的知识是一致的，因此，这一说法仍然是低剂量响应方面的科学上理由最充分的近似。"然而，UNSCEAR也承认仍然有不确定性，并指出："……不要指望在所有情况下都有严格地成线性的剂量响应关系"。

剂量—风险假设

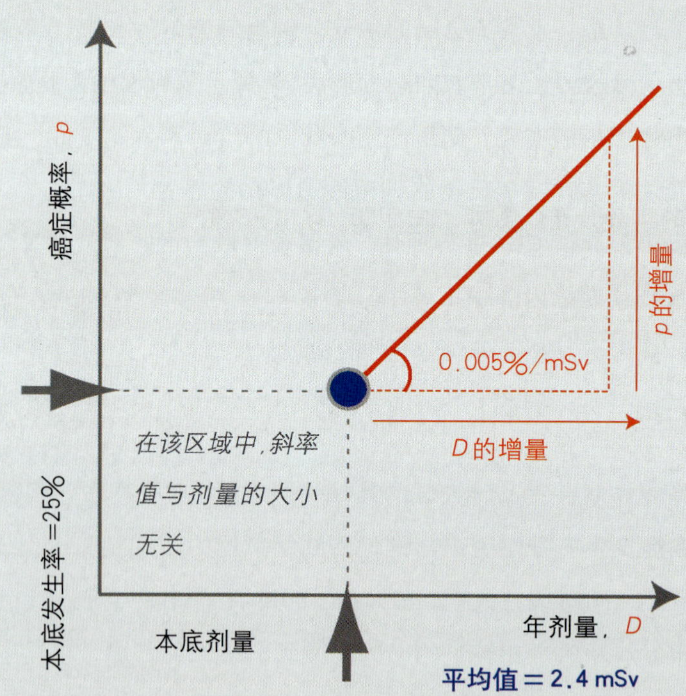

对于某些类型的强电离辐射，例如α粒子，其低剂量时的风险因子与高剂量时一样，但对于弱电离辐射，例如γ射线，有相当多的放射生物学证据表明情况较为复杂。对于这些类型的辐射，不论是低剂量区还是高剂量区，线性关系都是剂量响应的一个较好的近似，但低剂量和低剂量率区的每单位剂量的风险（线性关系的斜率）要比高剂量和高剂量率区的小。ICRP已经通过审慎地将该因子减少一倍的方法估计出了由低剂量和低剂量率引起的致死性癌症风险因子。

ICRP 给出的全体人口致死性癌症风险因子

实际上，给定剂量引起的具体的某个人的风险，还依赖于这个人受照射时的年龄和他或她的性别。例如，如果一个人在下半生受到一定的剂量，则由辐射诱发的癌症也许在这个人因其他原因死亡之前还来不及显现出来；对于男人来说乳腺癌的风险实际上为零，而对于女人来说则是表中“平均值”的两倍（达到 $0.4 \times 10^{-2}\ Sv^{-1}$ 或 $1/250\ Sv^{-1}$）。而且，近期的研究表明，个人的基因组成能影响他们在受到照射后的癌症风险。某些家族的此种风险也许比别人的大，但目前我们只能列出很少几个这样的家族，专家们将来或许能够考虑一下此类遗传特性。

组织或器官	*风险因子／（$10^{-2}\ Sv^{-1}$）*
膀胱	0.30
（红）骨髓	0.50
骨表面	0.05
乳腺	0.20
结肠	0.85
肝	0.15
肺	0.85
食道	0.30
卵巢	0.10
皮肤	0.02
胃	1.10
甲状腺	0.08
其余组织或器官	0.50
总计（已四舍五入）	**5.00**

不同群体的风险因子也不同，部分原因是由于不同的群体有不同的年龄分布。例如，由于工作人员的平均年龄通常比全体人口的要大（即他们的寿命期望值相对较小），因而前者的风险因子要比后者的低一些。ICRP 关于工作人员的风险定为 $4 \times 10^{-2}\ Sv^{-1}$ 或 $1/25\ Sv^{-1}$。风险因子的差别可能还来源于最常见癌症（或特定类型癌症）的发病率不同，因为辐射导致的风险被假设为与这种最常见的发病率有关。例如，癌症死亡率相对较高国家（例如发达国家）的风险因子，要比癌症不大普遍的国家（例如发展中国家）的风险因子高一些。然而，这些差异与 ICRP 风险因子的不确定度相比要小得多，因此，ICRP 基于五个完全不同的种族的特点“平均”的值，可以在世界范围内采用。

遗传性疾病

除了癌症，辐射的另一种主要晚期效应为遗传性疾病。像癌症一样，遗传性疾病的***概率***——并不是其严重程度——与剂量的大小有关。遗传性损伤起源于产生精细胞的睾丸或产生卵细胞的卵巢受到照射。电离辐射能导致这些细胞或组成这些细胞的生殖细胞产生**突变**，最终可以在子孙后代中引起有害的效应。突变的发生是由单个生殖细胞中的

DNA 结构发生改变引起的，这个生殖细胞随后便携带着这种 DNA 中的遗传信息进入后代。照射可以导致的遗传性疾病的严重程度变化范围很大，从早期夭折和严重智力缺陷，到骨骼微不足道的异常和轻微的新陈代谢失调。

尽管在人类中出现的突变看来像是在没有明显原因的情况下发生的，但环境中的天然辐射和其他介质也可以诱发突变，并有助于最常见的遗传性疾病的发生。然而，至今没有在人类后代中找到可归因于天然及人工辐射的照射的遗传性缺陷的确凿证据。特别是，对原子弹爆炸幸存者的后代进行的大量研究，一直未能显示出遗传缺陷方面具有统计显著性的增加。相反，负面的研究结果有助于说明现有的风险因子过高。

在动物身上，主要是在老鼠身上，已经做了大量的、有关电离辐射诱发遗传性损伤的实验研究。实验所覆盖的剂量与剂量率范围都非常宽，结果清楚地表明电离辐射确实能诱发突变。结果还显示出了由已知剂量诱发的遗传缺陷的频度有多大。当与有关原子弹爆炸幸存者的研究结果结合起来考虑时，这些资料允许我们给出人类遗传风险的估算值。

ICRP以这种背景为基础，评估了受到低剂量与低剂量率照射的普通群体中引起严重遗传性疾病的风险。它估算出的不管什么时候出现在其所有后代中的此类疾病的风险因子为 $1.0 \times 10^{-2}\ Sv^{-1}$ 或是 $1/100\ Sv^{-1}$。导致具有严重遗传性的疾病（例如血友病和唐氏综合征）的突变，占突变总数的一半；剩余的来自一组所谓的多因子疾病，例如糖尿病及哮喘。这种风险估计值有相当大的不确定度，特别是与多因子疾病有关的估计值，因为人们对能影响此类机能失调的遗传因素与环境因素的相互作用知之甚少。

患唐氏综合征妇女的第 21 对染色体异常

睾丸和卵巢只有在人的生育期中间或之前受到照射，才有产生遗传效应的风险。由于就业人群中可能生育的比例要比普通人群的低，因此工作人员的风险因子要小些。ICRP估计就业人群所有后代出现严重遗传性疾病的风险为 $0.6 \times 10^{-2}\ Sv^{-1}$ 或是 $1/170\ Sv^{-1}$。

新近的许多评估表明，遗传效应的风险也许实际上要比早先估计的低，特别是多因子疾病。在《2001年向联合国大会的报告》中，UNSCEAR 陈述了对辐射照射遗传效应风险的全面审查结果。对于仅仅一代人受到照射的人群，其第一代后代的风险估计为 $(0.3 \sim 0.5) \times 10^{-2}\ Gy^{-1}$。这个值介于前面提及的、针对所有后代的 ICRP 估算值的三分之一到一半之间。第一代之后各代的风险要比这个值低得多。换言之，这个新的风险

估计值约为 $(0.4 \sim 0.6) \times 10^{-2}\ Gy^{-1}$，是人类出现此类机能失调的基线频度。

群体风险

基于风险与剂量成正比且没有低剂量阈值这一假设，可以得出一个重要的结论，即集体有效剂量成了群体损害的指标。基于这个概念，50 000 人的群体每人接受 2 mSv 的有效剂量，或是 20 000 人的群体每人接受 5 mSv 的有效剂量，二者在数学上是没有区别的。这两个群体的集体剂量均为 100 人 · Sv，每个群体的群体代价可能为 5 人死于癌症、后代中有一人出现严重的遗传缺陷。然而，人数较少的那个群体的成员个人患致死性癌症的风险会更大。因此，集体剂量的计算值最好不要无限地使用，例如，无限多的人数与无限小的剂量的乘积可能是没有意义的。

怀孕期的照射

当婴儿还在子宫中时就受到照射的后果，值得特别关注。如果胚胎或是胎儿在器官形成期间受到辐射的照射，可能会引起发育缺陷，例如头部直径减小或是智力迟钝。对出生前受到照射的原子弹爆炸幸存者的研究表明，智力迟钝主要发生在受精后 8～15 周期间受到照射的胎儿身上。关于剂量—响应关系的形式以及是否存在阈值（低于该值就没有效应）的问题，人们一直在争论。就在最敏感的 8～15 周期间受到的照射而言，ICRP 认为智商（IQ）的减少与剂量有直接的关系，没有阈值，大约每 Sv 的剂量损失 30 个 IQ 点。因此，举例来说，如果胎儿在此期间受到 5 mSv 的照射，就会损失 0.15 个 IQ 点，这么小的值当然是很难察觉出来的。

胚胎或是胎儿受到高剂量就会引起死亡或整体畸形。这些效应的阈值在 0.1 与 1 Sv 或更高一些之间，具体数值取决于受精后的时间。胎儿的原生性风险被认为与出生后正常发育的人一样，即 $2.4 \times 10^{-2}\ Sv^{-1}$ 或 $1/40\ Sv^{-1}$。出生前辐照同样能导致在童年时患恶性肿瘤的风险增加。15 岁以前患致死性癌症的风险估计约为 $3.0 \times 10^{-2}\ Sv^{-1}$ 或 $1/30\ Sv^{-1}$，患所有癌症的风险大约是此值的两倍。

由于这些原因，怀孕妇女最好避免腹部接受 X 射线诊断，除非此种诊断检查实在无法拖到怀孕结束以后再做。事实上，对所有的育龄妇女来说，当没有充足的理由可以肯定并未怀孕时，把骨盆部位的高剂量诊断检查限制在月经周期初期进行是较为明智的，因为这时怀孕的可能性非常小。如果怀孕妇女在工作中要与辐射源打交道，则必须采取

有害的辐射效应

照射环境	健康后果	资料来源
	早期效应	
高剂量和高剂量率		
身体的大部分受到照射	死亡	各种来源的人类数据
皮肤表面受到照射	红斑	
睾丸和卵巢受到照射	丧失生育能力	
	晚期效应	
任何的剂量或剂量率 风险与剂量有关 数年后显现	各种癌症	人类的风险因子是通过将高剂量和高剂量率的人类数据外推估算出的
任何的剂量或剂量率 风险与剂量有关 在后代中显现	遗传缺陷	人类的风险因子是由动物数据推断出的，并无人类的证据
任何剂量率的高剂量 不同的显现时间	功能损伤	各种来源的人类数据
在子宫中受到的剂量 儿童时显现	智力迟钝	有限的人类数据

专门的措施限制她们或许会受到的剂量，并要注意未出生儿童的保护水平应与公众的保护水平相同。

第六章　辐射防护体系

全世界的电离辐射防护方案是非常一致的。这主要是因为存在着一个十分完善并得到国际认可的框架。

联合国原子辐射效应科学委员会（UNSCEAR）定期审查环境中使人群受到照射的天然的及人工的辐射来源、由这些来源引起的辐射照射，以及与这种照射相关的风险。UNSCEAR 定期向联合国大会报告其研究结果。

国际放射防护委员会（ICRP）是一个非政府的科学组织，成立于 1928 年，它定期出版关于电离辐射防护的推荐书。它的权威性源自其成员单位的科学地位及其推荐书的价值。它给出的有关患致死癌症概率的估算值，主要以对日本原子弹爆炸幸存者的研究以及 UNSCEAR 之类团体的评估为基础。

国际原子能机构（IAEA）的法定职能之一是制定安全标准，如情况合适，则与其他的相关国际组织合作制定。就辐射防护而言，它在很大程度上依赖于UNSCEAR 及 ICRP 的工作。IAEA 同样有责任应成员国的请求提供如何适用这些标准的帮助，帮助的机制包括提供咨询服务与培训等。

总的原则

对于一切可以增加辐射照射的人类活动（或称作实践），ICRP 推荐了以三项基本要求为基础的辐射防护体系。每一项要求都涉及到社会方面的考虑（前两项比较明显，第三项则比较含蓄），因此需要大量使用判断。

关于实践的ICRP辐射防护体系*

*实践的正当性***

对于伴有辐射照射的任何实践，只有在该实践给受照个人或社会带来的利益至少足以弥补它所引起的***辐射危害***时，才可实施。

辐射防护最优化

就实践中的任何特定辐射源而言，由该源引起的个人剂量应低于相应的剂量约束值。为此，应采取一切合理的措施使人员得到保护，以便在考虑到经济和社会因素的条件下使照射保持在“可合理达到的尽量低水平”。

适用个人剂量限值

任何个人受到的、来自使他或她受到照射的所有实践（医疗诊断或治疗除外）的剂量，应适用剂量限值。

在有些情况下，例如，发生了向环境中释放放射性物质的事故之后或室内出现高水平的氡时，或许有必要进行干预，以减少人员受到照射。对于这些情况，ICRP 推荐了以另外两项原则为基础的关于干预的辐射防护体系，与上面三项要求的主要区别是略去了适用个人剂量限值的要求。因此，如果给干预规定具体的限值，就有可能要求采取一些与可能获得的利益不相称的措施，因此会与第一项原则相冲突。适用这两项原则时也需要进行判断。

这两套辐射防护基本原则都被《国际电离辐射防护和辐射源安全基本安全标准》（以下简称《基本安全标准》）所认可。这项《基本安全标准》是由IAEA 及其他五个国际组织共同倡议和制订的。

关于干预的 ICRP 辐射防护体系***

干预的正当性

拟采取的干预应利大于弊，亦即由剂量的减少所带来的利益应足以证明干预的损害和代价（包括社会代价）是正当的。

---

*,**,*** 分别见第 82 页译者注 4, 5, 6。

干预最优化

应妥善选择干预的形式、规模及持续时间，使得剂量减少的净利益，也就是剂量的减少所带来的利益减去干预的代价，应当是可合理达到的尽量大。

铀尾矿滞留构筑物的航摄照片。在图中央可见到除去多余水分用的滗析构筑物和蒸发池
澳大利亚西部矿业公司

ICRP 的辐射防护体系已被广泛地纳入世界各国的法律法规中。在这一章中，我们主要介绍关于实践的防护体系；在以后的几章中，我们将讨论或许需要进行干预的情况。

适用范围

在辐射防护领域，“实践”是指涉及有目的地使用辐射的那些活动。此类使用有明确的界限，并且是能够控制的。另一方面，尽管当人们在家中或工作场所受到较高水平的氡的照射时可以进行适当的干预，但总的说来我们是没有办法可以减小天然辐射所导致的正常水平的剂量的。对于可以接触到含有较多天然放射性核素的矿石和其他物质（例如油气钻井中的结垢）的工人来说，也需要采取一些控制措施以防受到来自这些物质的辐射照射。

2002 年 10 月

在医疗中是否需要使用辐射主要基于临床的判断，因为医疗照射的目的是要使患者受益。给患者设置剂量限值当然是不明智的，这会限制患者可能得到的利益。当然，下面马上要讨论的正当性原则与最优化原则还是应当全面适用的，特别是在有较大的余地可以减少个人剂量且目前医疗操作所造成的集体剂量较高的情况下。

2003 年 9 月

实践的正当性

关于实践的辐射防护体系中的第一项要求强调，显然需要统盘考虑所能产生的利益与危害的代价。在多数情况下，辐射效应只是可能产生的若干种有害后果中的一部分，正是这些有害后果构成了整个的社会与经济代价的一部分。如果还有其他的方法能达到同样的目的，不管它们是使用还是不使用辐射，在形成赞成这一种或那一种的最终决定之前，分析各种可替代方法的代价与利益是非常重要的。

核电站

证明正当性的过程中需要考虑的问题远远超过放射防护的范围，这可通过有关搞不搞核电的论证加以说明。核电的放射学后果包括向环境排放放射性物质以及从事核工业的工作人员受到照射。此外，在进行全面分析时，除了要涉及产生***放射性废物***这个问题之外，还要涉及发生***核反应堆***事故的可能性。甚至还需要考虑铀矿工人（他们所在的国家往往不是使用铀的那些国家）受到照射和矿山发生事故。

然后应该评估不采取核能发电或使用其他替代方法发电（例如用煤发电）的后果。用煤发电会产生大量的废物及释放使温室效应更加严重的废气。燃煤电站还排放有毒物质和天然放射性物质，煤矿工人易患职业病，并有可能发生矿难。全面的分析还需要考虑以下一些战略的和经济的因素：多样性、安全性、可获得性和各种燃料的储量；各类电站的建造和运行费用；预计的电力需求；以及人们从事特殊行业的意愿。

将辐射用于医学诊断时同样需要正确地证明其正当性。但我们中几乎没有人会质疑这种实践，认为它们毫无疑问能带来利益，尽管某些检查的个人剂量比较高，集体剂量一般也比较高。尽管如此，仍然需要对每项操作本身的价值进行判断。大规模的X射线筛选癌症项目所导致的癌症，可能比这种检查所能发现的癌症还多，因此显然是不可接受的。由此可见，让员工进行例行的筛选检查不可能是客观的判断，除非有特殊的情况，例如肺结核的防治。怀孕期间的医疗照射尤其需要明确地证明是正当的，实际操作时也要非常小心。用于法律或保险事务的放射学检查通常是不许可的，因为它们对受照人员的健康没有好处。

辐射防护最优化

由于我们假定没有一种辐射剂量是绝对没有危害的，因此重要的是关注所有的剂量并且只要可合理达到就降低剂量，直至进一步降低剂量变得不合理时为止，因为此时的社会和经济代价已超过了剂量的减少所带来的利益。另一方面，与特定实践有关的利与害在社会中的分布常常是不均匀的，因此这个第二项要求——ICRP推荐的辐射防护最优化——还包含了要给具体的操作实践加上一条约束，其形式是限制人员受到的剂量或危害，防止不公平的辐射照射。

在规划阶段，就要给涉及辐射照射的实践施加约束。对于工作人员，选择剂量约束值（见第82页译者注7）时要考虑在特定行业或特定操作中可合理达到的年剂量值，它也许是年剂量限值的一小部分。对于公众成员，典型的约束值是每年0.3 mSv，可以作为与新的辐射照射来源（例如打算向环境排放放射性物质的工厂）有关的规划值。

在过去的二十多年里，辐射防护最优化原则在全世界的影响逐渐增加。在大多数国家中，辐射工作人员的平均年剂量远低于ICRP推荐的20 mSv（即只有该值的十分之一或更低）。有些工作人员小组受到的剂量是平均值的几倍，还有些工作人员受到的年剂量超过20 mSv，但这些人只占总人数的很小一部分。UNSCEAR的分析表明，工作人员受到的来自人工来源的平均年剂量为0.6 mSv，而工作人员受到的来自高于常规的天然来源（如采矿）的平均年剂量比较高，达到1.8 mSv。

在大多数国家中，由引起照射的实践造成的公众个人年剂量一直低于0.3 mSv，即低于ICRP推荐的公众的剂量约束值。即使是受到核设施放射性流出物照射的人群组，由于他们居住在核设施附近或是具有特殊的饮食习惯因而受到较多的照射，他们受到的年剂量一般也只是该约束值的一小部分。

给患者的医疗照射设置剂量约束值或指导水平也是合适的，其目的是明智地使剂量最小。有些常规的医学操作的剂量相当大（如几个mSv），并且更重要的是，不同医院间的差别很大。采用指导水平能够提供一个在不减少可供医生使用的诊断信息的条件下使患者所受剂量减少的实用手段。

剂量限值

关于实践的第三项要求是有义务不让个人及其后代受到的危害达到不可接受的程度。这可以通过强制使用严格的剂量限值和适用辐射防护最优化原则来实现。《基本安全标准》规定的剂量限值，对于工作人员为每年20 mSv（五年中平均，并且任何一年不超过50 mSv），对于公众成员为每年1 mSv。

国际的剂量限值和剂量约束值/(mSv/a)

参　数	工作人员	公众成员
有效剂量		
基本限值	20[a]	1
约束值	—[b]	0.3[c]
当量剂量		
眼晶体	150[a]	15
皮肤[d]	500[a]	50
四肢[e]	500[a]	50

注：

a 对于学生及学徒工，取这些值的十分之三。

b 尚无统一的国际值，此值应根据具体的环境（例如，行业或作业的类型）设定。

c 对于单个新的辐射来源的期望值。

d 任何1 cm^2 皮肤的平均值，与受照面积无关。

e 除手和脚以外，还包括前臂及脚踝。

这些用有效剂量表示的基本限值，是用来控制发生概率很小的癌症及遗传性损害之类严重效应的发生率的。另一组用当量剂量表示的限值，是为了保护眼睛、皮肤及四肢免受其他形式的伤害。

对于剂量限值，通常有两个误解：第一个是将它们作为生物学风险的转折点，是安全与不安全的分界线。实际情况并非如此，这一点从有关剂量与危害的讨论中应该是清楚的。从工作人员与公众成员的剂量限值不同这一事实中也可以弄明白。这些限值不同是因为人们认为工作人员的风险比公众高一些是可接受的，因为工作人员由于有工作可做而获益，公众成员所接受的风险则不是自愿的。第二个误解是将把剂量保持在限值以下作为放射防护中唯一的重要要求。与此相反，辐射防护中最重要的要求是把剂量保持在可合理达到的尽量低水平。这也体现在日益重视调查水平（investigation level）上，当然，调查水平设置得比剂量限值低。

共同倡议和制定国际《基本安全标准》的国际组织

联合国粮食及农业组织（FAO）①

国际原子能机构（IAEA）①

国际劳工组织（ILO）①

经济合作与发展组织核能机构（OECD/NEA）

泛美卫生组织（PAHO）①

世界卫生组织（WHO）①

①表示它是联合国的机构

国际基本安全标准

1996 年出版的《基本安全标准》，最主要的基础就是上述的 ICRP 辐射防护体系。该标准对职业照射、医疗照射及公众照射提出了详细要求，规定了剂量的限值和豁免值。该标准还规定了确保放射源安全及处理核紧急情况的要求。IAEA 的许多“安全导则”就在特定的情况下如何满足这些要求给出了更详细的指导性意见。大多数国家在它们自己的法律法规及法定要求中采用了该《基本安全标准》。

法规与监管*基础结构**

《基本安全标准》就如何安全地使用辐射提出了技术、科学和行政管理方面的许多要求。然而，这些要求是以管理辐射的各种应用的某些基础性安排（basic arrangements）已经就绪为前提条件的。这些基础性安排有时称之为“安全基础结构”，它包括与辐射及放射性物质的使用相关的法律和法规等，以及负责弄清楚这些法律法规是否正在得到遵守的***监管机构***。在从事核电的国家中，通常已经建立起了这种基础结构。但是，这种基础结构不仅核电需要，任何使用辐射的国家同样需要（尽管其规模要小一些）。几乎所有的国家都在医疗和工业中不同程度地使用辐射。就在《基本安全标准》出版的前后，IAEA 意识到没有搞核电的许多国家还没有合适的安全基础结构，因此便开辟了一个大型项目，用于帮助这些国家提高他们安全使用辐射方面的管理能力。

*,** 分别见第 82 页译者注 8，9。

第七章　天然辐射

天然的电离辐射遍布于整个人类的生活环境中。宇宙射线从外层空间来到地球，地球自身也带有放射性。食物、饮料以及空气中都存在着天然放射性。我们全都或多或少地暴露在天然辐射之中。对大多数人来说，天然辐射是主要的辐射照射来源。尽管如此，人类、动物和植物就是在这种天然辐射本底的条件下不断进化而来的，而且人们普遍认为这不是一种明显的健康危害——尽管也有例外。

宇宙射线

宇宙射线主要是不知出自空间何处的能量很高的质子，并以基本恒定的数目到达我们的大气层。当然，大家都知道，部分能量较低的质子来自太阳，是太阳爆发期间以脉冲形式散发出来的。质子是带电粒子，所以进入大气层的数目受到地球磁场的影响，到达极地附近的要比到达赤道附近的多，所以剂量率随着纬度的升高而增加。当宇宙射线穿过大气层的时候，会与大气发生复杂的反应并逐渐被吸收，使得剂量率随着海拔高度的降低而减少。宇宙射线是许多种不同类型的辐射的混合物，包括质子、α粒子、电子，以及其他各种奇特的高能粒子。宇宙射线到达地面时，其主要成分是介子、中子、电子、正电子和光子。地面处的剂量主要来自介子和电子。UNSCEAR计算出了地表处的来自宇宙射线的年有效剂量，平均约为0.4 mSv/a，计算时考虑了剂量随高度和纬度的变化。

大多数人居住在低海拔地区，所以受到的来自宇宙射线的年剂量基本上是相同的(除了随纬度有些变化之外)。然而，还有不少的人居住在海拔相当高的地方(例如，安第斯山脉的基多(厄瓜多尔首都)和拉巴斯(玻利维亚首都)，落基山脉的丹佛(美国科罗拉多州首府)，喜马拉雅山脉的拉萨（中国西藏自治区首府)），那里的居民接受的年剂量是居住在海平面高度的人的数倍。例如，拉巴斯的年剂量是全球平均值的5倍。人居住的建

筑物的类型，也可对来自宇宙射线的剂量有轻微的影响。在飞机飞行的高度，宇宙射线的强度比地面的高得多。在洲际航线的巡航高度上，剂量率可以达到地面值的100倍。对于某些人群，一般的空中旅行会使平均年剂量增加0.01 mSv（对于经常飞来飞去的那些人，所受到的剂量要比这个平均值高得多），但这并不影响0.4 mSv的全球平均值。

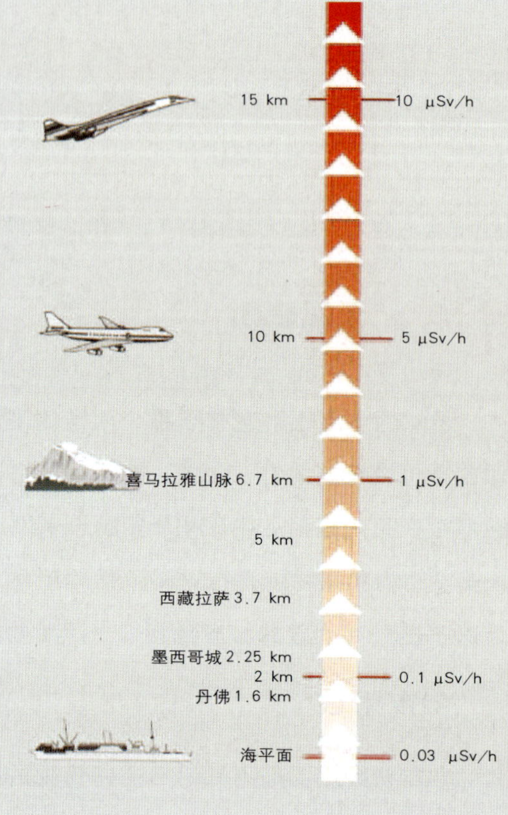

γ 辐射

地球地壳里的所有物质都含有放射性。实际上，来自地球深处的天然放射性的能量，对于地壳的成形和维持地球内部的温度是有贡献的。这些能量主要来源于铀、钍和钾的放射性同位素的衰变。

铀以几个百万分之一（10^{-6}）的浓度分布在岩石和土壤中。如果矿石中的铀含量超过1 000 × 10^{-6}，从经济角度考虑就值得开采，以便给核反应堆提供燃料。^{238}U是由几种元素的放射性核素组成的长长的衰变系的母核素，这些核素依次进行衰变直到生成稳定的核素^{206}Pb。在该衰变系的衰变产物中，^{222}Rn是放射性气体氡的同位素，它能进入空气中，并继续衰变。分布在土壤中的钍的情况与铀的情况类似。^{232}Th是另一个放射性衰变系的

来自天然辐射的年有效剂量

源	全球平均剂量 /mSv	典型的剂量范围 /mSv
宇宙辐射线	0.4	0.3～1.0
γ 辐射	0.5	0.3～0.6
氡的吸入	1.2	0.2～10
内照射	0.3	0.2～0.8
合计（已四舍五入）	2.4	1.0～10

据《UNSCEAR 2000年向联合国大会的报告》中表1的数据编制

母核素，衰变过程中产生氡的另外一种同位素 ^{220}Rn，有时又叫钍射气。比起铀或钍来，钾是更加常见的元素，按重量计它占地壳的2.4%。然而，放射性核素 ^{40}K 仅仅占全部钾的 120×10^{-6}。

土壤中的放射性核素能发射出穿透性较强的 γ 射线，基本上人人均等地受到辐照。由于绝大部分建筑材料直接来自地球，它们也有轻微的放射性，因此人们在室内时如同在室外一样，也会受到照射。接受的剂量受居住地区的地质条件和建筑物的结构这两者的影响，平均地说，来自天然 γ 射线的有效剂量约为 0.5 mSv/a。实际的剂量值变化相当大。有些人群接受的剂量可以比平均值或高或低好几倍。在土壤中天然含有的放射性核素浓度相对较高的少数几个地方，比如印度的喀拉拉邦和法国与巴西的部分地区，这种剂量最高可达到全球平均值的20倍。虽然总的说来要改变这种剂量几乎是不可能的，但如果有可能，明智的做法是避免在活度异常高的地方建造房屋或避免使用活度异常高的建筑材料。

吸入氡气

氡气是特别重要的一种天然辐射照射来源。这是因为 ^{222}Rn 的直接衰变产物是半衰期较短的放射性核素，它们能附着在空气中的微粒上，被人吸入以后它所产生的 α 粒子就会照射肺部的组织，从而增加肺癌的风险。^{220}Rn（钍射气）的情况完全相同，但对肺的照射程度要轻得多。氡气从土壤进入大气后，就在空气中散开，因此室外的浓度较低。氡气主要是从土壤中穿过地板进入建筑物的，在封闭的空间里，放射性浓度会逐渐增加。

如果房屋通风良好，氡气的积累就不会很明显。但是，在许多国家（一般是比较寒冷的国家）中，建造房屋时比较重视保暖和阻止空气流通。因此，这样的房屋往往通风较差，室内的氡浓度能够达到室外的许多倍。建筑物内的氡浓度跟当地的地质条件关系

氡是如何进入室内的

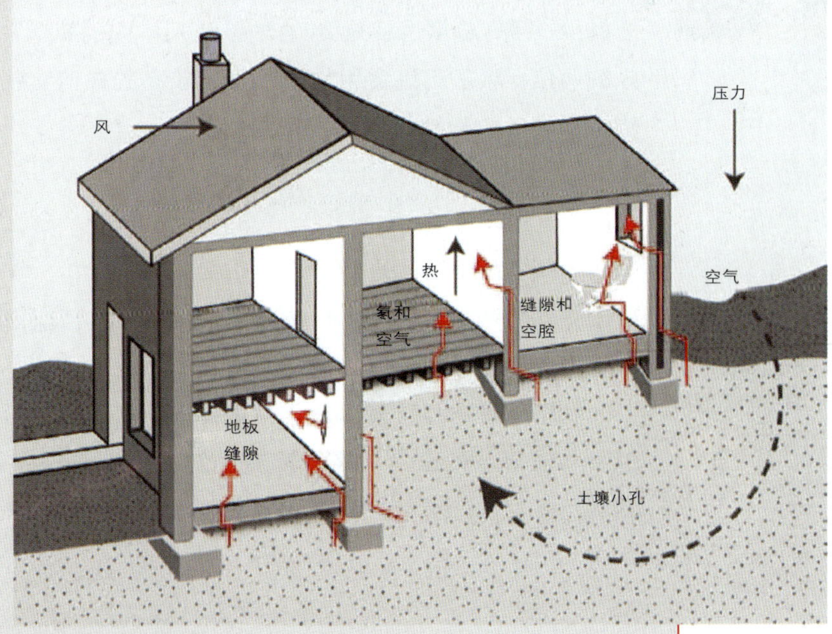

也很大，同一国家的不同地区可以差别很大，甚至同一地区的不同房屋也很不一样。

由氡衰变产物引起的全球平均年有效剂量估计值大约是1.2 mSv。当然，有些地方的具体值偏离平均值很大。在有些国家(例如芬兰)里，全国平均值是此值的好几倍。而在许多国家中的一些特殊的房屋里，居住者每年大约要接受数百mSv的有效剂量。鉴于这种情况，ICRP和IAEA提出了“行动水平”（以$Bq \cdot m^{-3}$为单位）的概念，即建议住户一旦发现超过此值就设法降低他们房屋内的氡浓度。典型的情况是，行动水平最好定在200～600 $Bq \cdot m^{-3}$之间，大概是室内氡浓度平均值的10倍。

如果发现家里的氡浓度较高，可以通过阻止空气从地面进入屋内来降低其浓度。最有效的办法是用一个小风扇来降低房屋底下的空气压力。正如第六章中提到过的，减少人体受到电离辐射的照射的这种情况，就是ICRP所说的干预的一个具体例子。

内照射

食物中天然存在着放射性核素

来自铀和钍衰变系的其他放射性核素，特别是^{210}Pb和^{210}Po，存在于空气、食物和水中，所以能进入人体后在内部照射人体。^{40}K也随着平时的饮食进入人体，它是除了氡的衰变产物以外的主要内照射来源。另外，宇宙射线与大气的相互作用产生的许多种放射性核素（如^{14}C），也产生一些内照射。

由这些内照射来源产生的平均有效剂量估计为0.3 m Sv/a，其中^{40}K的贡献约占一半。尽管知道人体内的钾含量是受生物学过程控制的，但有关钾含量因人而异的情况知之甚少。钾的总量也就是^{40}K的总量随人体内的肌肉总量而变化，年轻人的含量约是老年人的两倍。除了避免食用放射性含量较高的任何食物和水之外，人们几乎没有办法能影响来自其他放射性核素的内照射。

总剂量

来自天然辐射的平均总有效剂量约是2.4 mSv/a，但具体数值可能变化很大。有些国家的平均值超过10 mSv/a，甚至在某些地区，个人剂量可以超过100 mSv/a，其原因通常是室内的氡及其衰变产物的浓度特别高。

平均剂量作为比较来自天然来源和人工来源的辐射对健康的影响的量度是有用的，但当具体值（如室内的氡气浓度）偏离平均值较大时，也许还需要用另外的数据进行补充。最有用的办法或许是描述某个剂量值出现于有关环境中的频率。

第八章 辐射的医疗应用

电离辐射在医学中有两种性质完全不同的用途，一是诊断，二是治疗，两者都是为了使患者受益。与任何使用辐射的情况一样，要求诊断与治疗所带来的利益必须大于危害。这也就是我们在第六章中提到过的证明正当性的问题。

大多数人都在他们一生中的某个时候做过X射线检查，以帮助医师诊断其体内的疾病或损伤。较不常用的一种诊断操作涉及给患者服用放射性核素，以便能够通过放在患者体外的探测器观察体内器官的运作情况。如果不这样做就不能做出诊断，则医师就会使用其中的某一种检查。虽然某些检查的辐射剂量相当可观，但一般都比较低。

有时，为了治疗恶性病症或失灵的器官，需要非常高的剂量并辅以其他治疗方式。或许会用射线束照射身体上患病的部分，或是给患者服用活度相当高的放射性核素。

使用X射线检查患者，被称为***放射诊断***；将放射性核素标记药物用于诊断或治疗，被称为***核医学***；用射线束治疗患者的操作，称为***放射治疗***。

每名医生的服务人数	每1 000人每年的检查次数	平均年有效剂量/mSv
<1 000	920	1.2
1 000～3 000	150	0.14
3 000～10 000	20	0.02
> 10 000	<20	0.02
全世界平均	330	0.4

来自诊断性医疗操作的辐射照射(UNSCEAR)

取自《UNSCEAR 2000年向联合国大会的报告》中的表2

放射诊断

世界上第一张手部X光胶片（伦琴夫人的手）

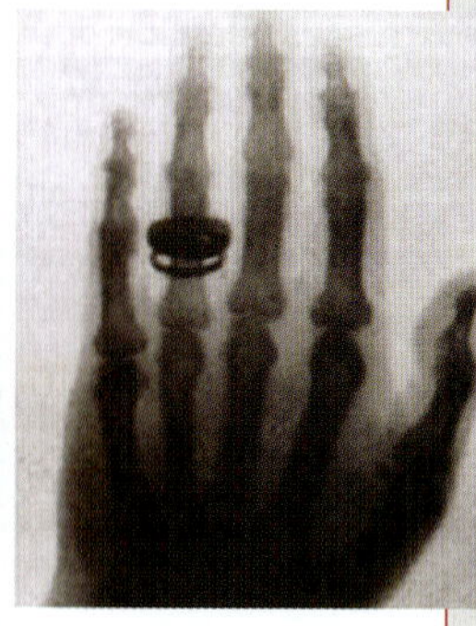

在常规的X射线检查中，从X光机出来的辐射会穿过患者的身体。X射线不同程度地穿透肌肉及骨骼后，在照相胶片上产生身体内部结构的影像。在某些情况下，此类影像是依靠电子学的方法获得及处理的。这些影像的价值可以说明为什么在发达国家中医生平均每年要为每个人作一次X射线检查。

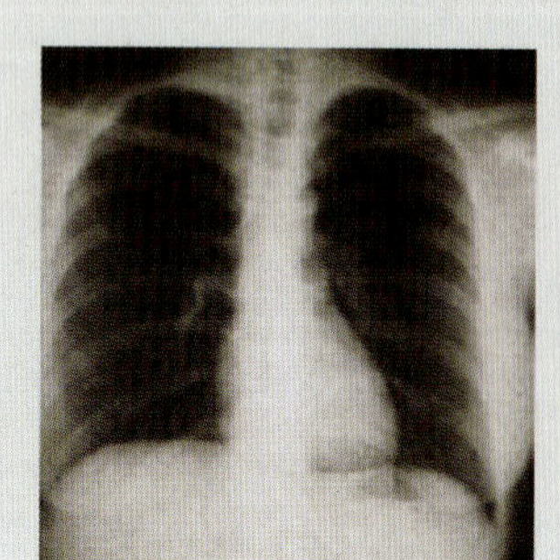

最常检查的身体部位是胸、四肢和牙齿，每个部位都大约占总检查次数的25%。这些检查的剂量都相当低，例如，一次胸透只有0.1 mSv。其他检查类型（例如，检查下脊柱）的有效剂量较高，因为对辐射比较敏感的器官及组织受到了较大的照射。使用钡灌肠法检查大肠下段会导致相当大的有效剂量，大约有6 mSv，此种检查只占全部检查的1%左右。

患者受到的来自常规X射线检查及计算机断层扫描检查的典型剂量

检　查	常规X射线剂量／mSv	计算机断层扫描剂量／mSv
头部	0.07	2
牙齿	<0.1	—
胸部	0.1	10
腹部	0.5	10
骨盆	0.8	10
下脊柱	2	5
大肠下段	6	—
四肢与关节	0.06	—

由《UNSCEAR 2000年报告》第1卷附录D表15及表19的数据导出

近年来，计算机断层扫描（CT）的应用增长得非常快。在发达国家中，它能占到所有放射诊断操作的将近5%。CT这种技术，是让扇形的X射线束围绕着患者旋转，通过其对面的一排探测器采集数据，然后利用计算机重建出断层图像，这种图像传递了高质量的诊断信息。然而，CT的剂量要比常规X射线检查高一个***数量级***以上。

CT扫描

CT检查对医学诊断的集体剂量有显著的贡献，在某些国家里，它占据的份额超过40%。大肠下段检查约占10%，胸部检查约占1%。从这些数据中可以清楚地看出，几项相对而言做得不多的检查给整个群体带来的剂量，要比比较常见的检查带来的剂量大得多。这就是为什么如果常规X射线检查对于健康诊断已经足够的话，就不需要再做CT检查的原因。

然而，剂量最高的诊断操作是放射介入。此时医师利用一系列的X射线实时图像“观察”在患者体内所进行的操作。这就使得对本来要通过较大的外科手术才能接触到的那个内部器官施行微创手术成为可能。但是，这种操作会使患者受到10～100 mSv的剂量，并且，如果不小心地控制就可能使外科医生也受到相当高的剂量。在某些情况下，这些操作带来的剂量高得足以使患者和外科医生产生确定性效应。

右膝盖修补过的患者的^{99m}Tc闪烁图和患病的迹象（箭头所指处）

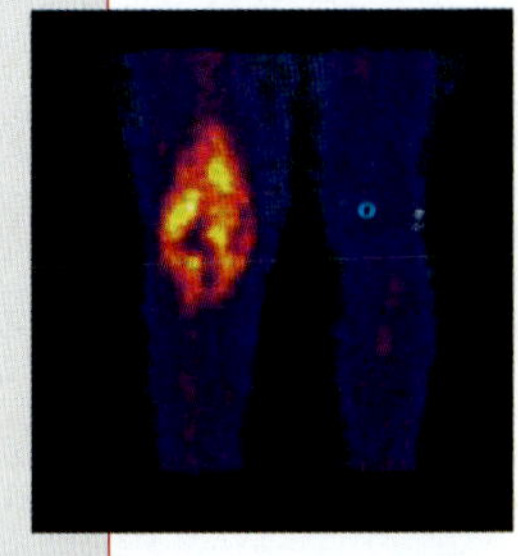

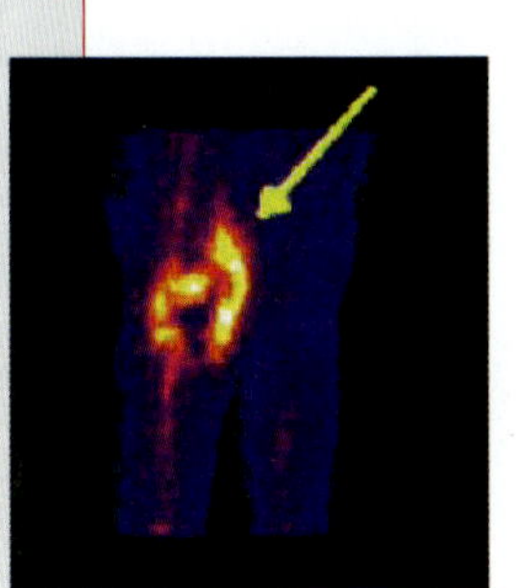

核医学

对于核医学中的诊断操作而言，要给患者施用含有放射性核素的载体物质（例如某种药物），它能优先被正在研究的组织或器官吸收。施药方法可以是注射、摄入或吸入。选用的放射性核素应该能发射γ射线。

此种诊断操作大多使用放射性核素^{99m}Tc。它的半衰期为6 h，放出的γ射线的能量为0.14 MeV，能够在医院里方便地制备出来，并易于给多种多样的载体物质加标记。使用称为γ相机的专用探测器观察器官或组织的行为或核素移动的快慢。

^{99m}Tc扫描引起的个人剂量与放射诊断中的其他方法引起的剂量相当。但核医学引

核医学操作中常见的器官检查的典型剂量

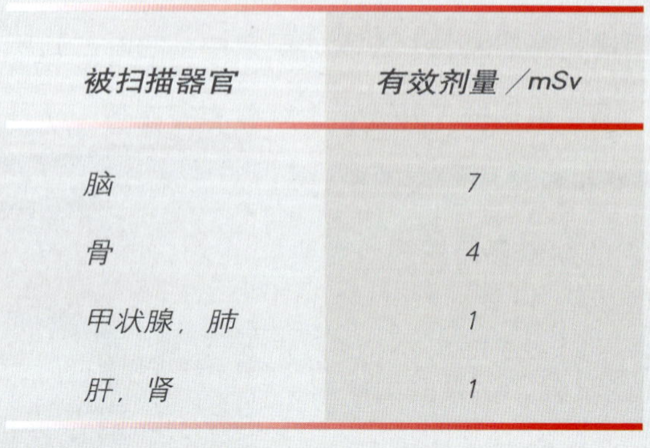

被扫描器官	有效剂量 /mSv
脑	7
骨	4
甲状腺，肺	1
肝，肾	1

由《UNSCEAR 2000 年报告》第 1 卷附录 D 中表 42 的数据导出的四舍五入值

起的集体剂量要低一个多数量级，因为做核医学操作的人少得多。

当放射性核素被用于治疗而不是用于诊断时，给患者施用的放射性活度要大得多，靶组织或靶器官受到的剂量也大得多。治疗甲状腺机能亢进的方法可能是最普通的治疗操作，所用的放射性核素是 ^{131}I。

尽管诊断或治疗用放射性核素的半衰期都比较短，但医务人员必须注意这样一种事实，即在诊断或治疗后的一段时间内，服用过放射性核素的患者体内仍然残留着一定的放射性活度。这一点在决定患者何时能够出院时也许是需要考虑的，特别是在进行了治疗操作之后。医院有时也会建议患者的家属与朋友采取适当的防护措施，以免受到这些残留放射性的无意照射。

放射治疗

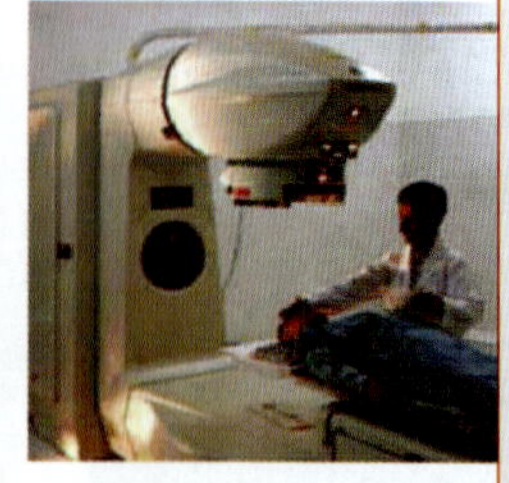

这种技术用于通过杀死癌细胞来治疗癌症或者至少减轻非常令人痛苦的症状。使用高能 X 射线、γ 射线或电子的束流对准病灶组织进行照射，以便能给它较高的剂量但又不伤及周围的健康组织。如果肿瘤位于体内深部，则可以让束流从不同的方向进行照射，以减少连带损伤。对于某些癌症来说，使用另一种治疗形式，就是将放射源置于体内或体表，但时间较短。这种治疗形式称为***近距离治疗***。由于放射治疗的剂量非常大，因此只在治疗或减轻痛苦的前景较好且其他治疗方法的疗效不大时使用。

尽管放射治疗能够治疗原发性癌，但它也有可能引起其他组织生癌或引起其后代出现不利的遗传效应。不过，接受放射治疗的多数人已经过了生育期，年龄也大得不可能再发生很多年后才能发生的那种癌。因此，放射治疗的目标是在尽量减小不利的副作用的同时追求疗效的最大化。

为了有效地杀死癌细胞，肿瘤的吸收剂量需要达到几十Gy。组织的处方剂量一般为20～60 Gy。授予的剂量必须相当精确，太低太高都不行，太低可以导致治疗不彻底，太高则可以引起不可接受的副作用。为了确信设备的安装和维护都很好，需要进行严格的质量保证工作，否则会产生非常严重的后果。1996年，在哥斯达黎加，由于放射治疗用束流的刻度错误，使得100多名患者受到了高于原计划的剂量，导致许多患者死亡或严重受伤。2001年，在巴拿马，由于输入治疗计划系统的数据有误，造成28名患者被过度照射，其中的几名患者死亡。

医疗照射的指导水平

由于放射诊断得到了广泛的应用，集体剂量也就比较大，因此避免不必要的照射并使必不可少的照射尽可能地低是非常重要的。决定是否开具X射线检查处方的过程，就是从患者能否获得最大利益的角度进行医疗判断的过程。患者受到的剂量应当在准确诊断的基础上尽量低。在做儿科检查时，医师要特别谨慎地使剂量最小。

使剂量最小的方法包括使用好的设备，即设备受到良好的维护、正确的调校和由经验丰富的工作人员操作，并在放射科内开展质量保证工作。质量保证工作中最基本的一点是上述的保养、调校和操作要经他人检查。即使是同样的诊断检查，患者受到的剂量可以因身高与体型的不同而因人而异，但一般都应当低于一个约定值。正如我们曾在第六章中提到过的，这个值被称为参考剂量或指导剂量。《基本安全标准》中规定了医疗照射的剂量、剂量率和活度的指导水平。

检查项目	每次放射照相的入射表面剂量 /mGy
腰椎　前后位投射	10
胸部　后前位投射	0.4
头部　后前位投射	5

IAEA的适合典型成年人的放射诊断剂量指导水平

来源：《国际电离辐射防护与辐射源安全基本标准》（中文版，1997年，一览III，第265页）

总剂量

鉴于X射线诊断检查的数量很大，尤其是在发达国家中，因此这种实践带来的集体剂量相当高。UNSCEAR估计，所有诊断检查的集体剂量为 2.5×10^9 人·Sv。当然，实际情况是年轻人做X射线检查的不多，因而需要做检查的可能性随着年龄的增加而增大。这意味着，一般来说，由于这个原因而最终患癌症的概率比较低。

工业中常见的辐射应用

焊缝与接点的射线照相

提包与包裹的安全检查

测量容器内容物的高度

某些医疗用品的灭菌

纸张生产中消除静电

分析质量控制用样品

第九章　职业照射

许多行业都有电离辐射照射问题。除核工业外，制造与服务行业、国防领域、研究机构及大学中也常常使用人工辐射源。此外，我们在第八章中也已经看到，医师和卫生专业人员也大量使用人工辐射源。

佩戴热释光（TLD）剂量计的工业射线照相技术员

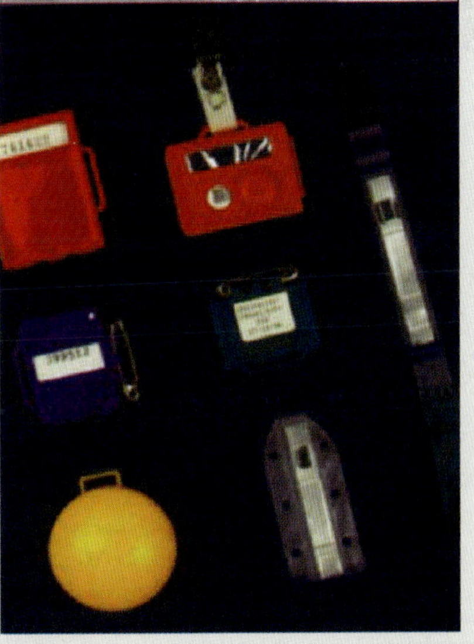

胶片剂量计和TLD剂量计

有些工人也受到他们所在工作环境中的天然辐射源的照射，对于这样的环境需要采取措施进行监测与防护。工人们在矿井以及氡水平较高地区的普通房舍中受到氡的照射的情况就是这样。由于飞行高度所处的宇宙射线水平较高，因而在空中旅行也会受到较高剂量率的照射。尽管现在还不大清楚能不能较容易地把空勤人员所受到的剂量减下来，但有人认为应当对这些人所受到的剂量进行监测。

大多数在工作中会受到电离辐射照射的人都佩戴个人剂量监测器件（或称剂量计），诸如装在专用小盒内的一小块照相胶片或一些热释光材料。现在用于这种用途的电子器件也越来越多。这些器件能记录从外照射源射入人体的辐射，从而可以得出佩戴者受到的剂量的估计值。

对于工作场所的气载放射性，不管是人工产生的还是天然产生的，通常最好的做法是采集工作人员所呼吸的空气样品、测量这些样品进而估算出内照射剂量。在某些情况下，通过测量排泄物的活度来推断出此种剂量也许是

不同职业的平均年有效剂量（UNSCEAR）

1990～1994年的数据来源：《UNSCEAR 2000年报告》第1卷附录E，表12，16，22和43

来 源	剂量/mSv
人工来源	
核工业	
铀矿开采	4.5
铀水冶	3.3
富集	0.1
燃料制造	1.0
核反应堆	1.4
后处理	1.5
医疗用途	
放射科	0.5
牙科	0.06
核医学	0.8
放射治疗	0.6
工业来源	
辐照	0.1
射线照相	1.6
同位素生产	1.9
测井	0.4
加速器	0.8
放射性物质致发光	0.4
天然来源	
氡	
煤矿	0.7
金属矿	2.7
地上建筑物	4.8
宇宙射线	
民航空勤人员	3.0

可能的，或者真的用高灵敏度探测器直接测量身体内的活度。目的都是为了得到最佳的剂量估计值。

人工来源

全世界大约有80万人在核工业系统中工作，在医疗设施中有200多万人接触辐射。UNSCEAR一直在对这些工作人员以及工业射线探伤员之类的其他人员的剂量数据进行汇总。核工业工作人员的集体剂量约为1 400人·Sv，医疗辐射工作人员的集体剂量约为800人·Sv。从事辐射的工业应用的工作人员相对较少，因此集体剂量较低，大约为400人·Sv。然而，在某些国家中，这些工作人员接受的个人剂量是最高的。

人工来源所致职业受照工作人员的平均剂量低于1 mSv/a。核工业职业照射的平均剂量稍微高一些，医务工作人员的平均剂量则稍微低一些。在最近十年中，主要由于ICRP推荐书及《基本安全标准》的广泛传播，此类剂量急速下降。

除了矿山开采外，其他大多数源于人工来源的职业照射，包括核工业，平均剂量都低于2 mSv/a。

在卫生专业人员（包括内科、牙科以及兽医）中，通常剂量都非常低，但仍然有一些需要关心的问题。某些使用放射诊断的临床操作需要医生靠近患者，因此他们有可能受到相当大的照射。在兽医行业中，X射线的设备和操作规程常常不够充足。

天然来源

来自高于常规的天然辐射来源的职业照射，主要发生在矿井、建筑物及飞行器中。对差不多400万煤矿工人的辐射照射进行了监测。在除煤矿外的其他矿山中和加工天然放射性水平明显高于平均水平的矿石的行业中工作的人数少一些（全世界大约有100万），尽管如此，对他们受到的剂量也进行了常规监测。

佩戴胶片剂量计的医疗射线照相人员

煤矿中的通风状况通常比较好，因此氡的水平及其剂量较低。只有个别矿工的年剂量会超过15 mSv。金属矿井或其他矿井的通风情况并不总是令人满意的，因此其平均剂量要高得多，部分工人的剂量会超过15 mSv。

在被认为受到高于常规的天然辐射的职业照射的人中，大约有五分之一工作在氡析出较高地区的商场、办公室、学校以及其他房舍中。在这些地区中，平均剂量相当可观。

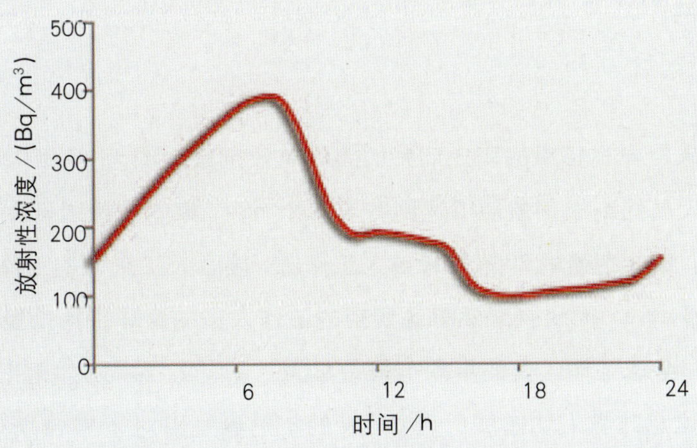

氡水平中等的房屋内的室内氡浓度随时间的变化
J. Miles/NRPB

这些工作人员的平均剂量差不多为5 mSv/a，高于受到职业照射的其他工作人员组。然而，应当记住，这是个特殊的人群组，其成员是可识别的，准确地说是由于他们受到了较高的

空中旅行期间的有效剂量

来源：《空勤人员受到宇宙射线的照射》，EURADOS第五工作组给根据《欧洲原子能共同体条约》第31条建立的专家组的报告，欧洲委员会

城　市	有效剂量／μSv
温哥华（加拿大）→火奴鲁鲁（檀香山）	14.2
法兰克福（德国）→达喀尔（塞内加尔）	16.0
马德里（西班牙）→约翰内斯堡（南非）	17.7
马德里→圣地亚哥（智利）	27.5
哥本哈根（丹麦）→曼谷（泰国）	30.2
蒙特利尔（加拿大）→伦敦（英国）	47.8
赫尔辛基（芬兰）→纽约（美国）	49.7
法兰克福→费尔班克斯（美国阿拉斯加）	50.8
伦敦→东京（日本）	67.0
巴黎（法国）→旧金山（美国）	84.9

剂量，而并不是因为他们有相同的职业成为特殊人群组。氡的水平因为建筑物的供热及通风方式的不同而天天不同，差别可以很大，因此空气中氡的短时间的测量值可能会起误导作用。对于氡水平较高的地方，和居室一样，最好的补救方法是减少地板下的气压。

空勤人员受到的来自宇宙射线的剂量，取决于飞行路线及总的飞行时间。平均地说，年剂量大约为3 mSv。但是，对于连续在高空长时间飞行的人员，所受到的剂量有可能是这个平均年剂量值的两倍。由于这种辐射和这种工作的性质，这种剂量是不可避免的。

总剂量

全球每年来自电离辐射的职业照射的集体有效剂量大约为14 000人·Sv，在某些工业部门，工作人员受到的剂量能够达到每年几个mSv。集体剂量的80%强来源于高于常规的天然来源；集体剂量的20%弱来自人工来源。接触人工来源的工作人员的全球平均剂量每年为0.6 mSv，而受到天然来源照射的工作人员的全球平均剂量每年为1.8 mSv。综合这些数字，全球工作人员的平均剂量每年为1.3 mSv。然而，如果把这部分剂量由全球人口分摊，这意味着人均增加0.002 mSv的年剂量，相对于来自所有来源的总剂量2.8 mSv而言，它的贡献相对较小。

第十章　环境污染

我们在第七章中已经提到过天然放射性核素遍布于整个环境中。本章将论述由大气层核武器试验和切尔诺贝利事故之类的事件，以及从核设施或其他设施中有意排放的放射性废物散布于环境中的人工放射性核素。此类放射性核素会从空气和水中到达地面并进入食物，最终以多种途径使人类受到照射。

人类受到释入环境的放射性核素的辐射照射的途径

雨水将空气中的放射性物质冲洗下来

直接来自云彩中的放射性物质的外照射

直接来自沉积在土壤中的放射性物质的外照射

通过食物或饮料进入人体的放射性物质导致的内照射

饮入的水导致的内照射

核武器试验

在地面以上试验核武器时，从^{3}H（氚）到^{241}Pu的许多种放射性核素被推向高层大气。然后，这些放射性核素缓慢地由高层大气转移至低层大气，进而转移至地球表面。在1963年的《部分禁止核武器试验条约》生效之前，全世界共进行了约500次大气层核爆炸，此后又进行了几次，直至1980年全部停止。目前，空气、雨水及人类食物中由核武器试验遗留下的放射性核素的浓度，与20世纪60年代初期的高峰值相比已大大降低。

从人类受到照射的角度看，目前全球来自核试验的放射性核素中，最重要的为^{14}C，^{90}Sr和^{137}Cs。有非常少的此类核素通过食物和饮料被摄入人体。来自土壤中发射γ射线的放射性核素的剩余放射性，也使人类受到轻微的照射。这部分内照射和外照射的贡献约为全球年平均有效剂量0.005 mSv，1963年时的峰值则超过0.1 mSv。有证据表明，某些人群组受到的来自全球核武器试验落下灰的剂量显著地高于平均值。例如，20世纪60年代人们曾发现，北欧和加拿大的驯鹿和北美驯鹿的牧人接受的剂量显著地高于其他人

地点，国家（进行试验的国家，如果不是在本国进行的话）	核武器试验类型	试验时当地居民最高个人剂量／mSv	集体剂量／（人·Sv）
内华达，美国	大气和地下	60～90	470
比基尼岛和埃尼威托克，马绍尔群岛（美国）	大气	1 100～6 000	160
塞米巴拉金斯克，哈萨克斯坦（前苏联）	大气和地下	2 000～4 000	4 600～11 000
新地岛，俄罗斯联邦（前苏联）	大气	低	低
马拉灵加和伊谬，澳大利亚（英国）	大气	1	700
圣诞岛，澳大利亚（英国）	大气	低	低
拉甘，阿尔及利亚（法国）	大气	未知	未知
罗布泊，中国	大气	0.1	未知
穆鲁罗瓦和方阿陶法，法属波利尼西亚（法国）	大气和地下	1～5	70

群，原因在于他们食用了吃地衣动物的肉类，而地衣是气载放射性 ^{137}Cs 的高效收集者。假设全球共有60亿人口，则目前全球由核武器试验落下灰所致的集体剂量每年约为3万人 · Sv。

IAEA除了多年来对广泛地散布在各处的由大气层核武器试验产生的放射性核素所引起的剂量进行评估外，还一直在对大气层及地下核武器试验在当地所造成的长期影响进行研究，研究结果汇总于上表。IAEA还一直在估算假如老百姓现在住在这些地点的某些地方可能会受到多大的年辐射剂量。在南太平洋的穆鲁罗瓦和方阿陶法这两个无人居住的岛礁上进行的核试验大部分为地下试验，即使有人居住，目前的剂量也不会超过0.25 mSv。对于同样是太平洋中的比基尼岛而言，其潜在剂量有可能达到15 mSv，但目前正在采取补救措施，以便在岛民返回之前使之削减90%。

塞米巴拉金斯克核试验的残迹：为观察核试验而建造的鹅形高塔

对于哈萨克斯坦的塞米巴拉金斯克而言，那里曾进行过大约100次大气层核试验，初步的评估表明，如果人们居住在污染最重的地区，则最大的年剂量可高达140 mSv。虽然目前尚无人居住，但是由于潜在的剂量如此之高，因此仍有必要或者把污染清除掉，或者确保老百姓不能在高污染地区停留相当长的时间。包括几个联合国组织在内的国际社会，正在努力改善塞米巴拉金斯克地区人民的生活条件。虽然核试验场址的放射性污染仅仅是许多个问题之一，但这个问题总是需要处理的。

在开挖实验期间由核爆炸生成的湖泊
V. Mouchkin/IAEA

切尔诺贝利事故

1986年4月26日，切尔诺贝利核电站的一座核反应堆发生爆炸，导致10天内释放出了大量的放射性核素。气载物质从乌克兰境内的厂区扩散到了整个欧洲。由于被污染的空气传播到了整个欧洲甚至欧洲以外的地区，放射性核素落在何处的问题主要决定于当地的气象条件。降雨导致放射性核素在某些地区的沉降比其他地区的多。

大体积空气取样器

这起事故在当地造成了灾难性的影响，应急队员受到了较高的辐射照射，导致31人死亡，其中28人为消防队员。消防队员受到了已沉降下来的放射性核素的大剂量外照射，达到3～16 Sv，皮肤污染（主要是β发射体污染）导致了严重的红斑效应。另有209人住院，其中106人被确诊为急性辐射病。幸运的是，这些

切尔诺贝利核电站
V. Mouchkin/IAEA

人经过几周或数月的治疗后均已康复出院。

周边及以外地区的群众受到的剂量主要来源于^{131}I、^{134}Cs和^{137}Cs三种放射性核素。几乎所有的剂量来自于地上的放射性核素的外照射、吸入的^{131}I引起的甲状腺剂量，以及食物中放射性核素引起的内照射。

事故后约有10多万人离开目前分别属于白俄罗斯、乌克兰和俄罗斯联邦的那些地方的家园，许多地区则由于地面上放射性落下灰的水平较高而成了“限制区”。在切尔诺贝利反应堆的厂区及其周围涉及75万以上人口的广大地区，开展了大规模的清理工作。去污人员被称为“清理人”，他们中的有些人接受的剂量超过了ICRP规定的50 mSv的剂量限值。在事故情形下，这么大的照射可以算是正当的，ICRP的推荐值是此种情形下的照射不宜超过500 mSv。这一限值可确保工作人员不会出现辐射照射的确定性效应。已公布的监测小组的数据显示，事故发生后头一年的平均剂量低于165 mSv，随后几年的剂量则逐步降到了50 mSv以下。

2000年《UNSCEAR向联合国大会的报告》

切尔诺贝利事故后^{137}Cs分布图

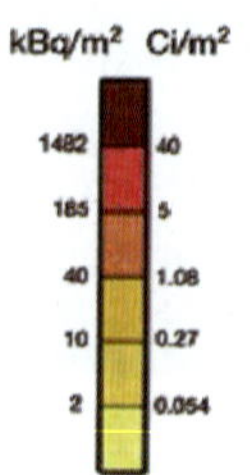

未找到数据

国家首都

在切尔诺贝利邻近地区及其他地区还进行过全面的流行病学调查，试图发现可能由这起事故导致的健康效应。结果显示，到目前为止，辐射引起的唯一显著的效应发生于白俄罗斯和乌克兰地区的儿童中。他们由于摄入^{131}I（特别是通过饮用被碘污染了的牛奶摄入的）而使甲状腺癌发生率上升。^{131}I为短寿命放射性核素（半衰期为8天），易聚积在甲状腺中，使用监测数据和其他数据，可估算出儿童中的这种健康效应的风险因子。2000年，UNSCEAR发表了关于切尔诺贝利事故的各种效应的综述性报告。他们的科学评估工作指出，在事故发生时受到照射的儿童中，已经出现了1 800例甲状腺癌。幸运的是，虽然这是一种重病，但对于绝大多数病例来说，这种癌是非致死性的。

UNSCEAR至今未发现可能与辐射照射有关的其他健康效应的发生率上升的科学证据。虽然这并不意味着肯定没有任何其他的效应（例如，受到的照射非常高的个人未来发生辐射相关效应的风险就会增加），但UNSCEAR认为，绝大部分人不大可能会经历可归因于这起事故的严重健康后果。

在当地老百姓中见到的其他的严重健康效应，似乎起因于由这起事故引起的紧张和焦虑，包括惧怕辐射。虽然这些效应的性质与上述的甲状腺失调不同，但是在受到放射性落下灰影响的区域，包括整个欧洲，这种情况确实不少。例如，在斯堪的纳维亚半岛，在这起事故发生后最初几周内接受的剂量平均为0.1 mSv，但是许多人告诉医生感到恶心、头痛、腹泻及皮肤长疹子。根据一百年来有关辐射效应的科学研究，可以断定，如此低的剂量是不可能直接导致上述症状的。但是，对某些人来说，对辐射的强烈恐惧确实存在，这也是这起切尔诺贝利事故的教训之一。

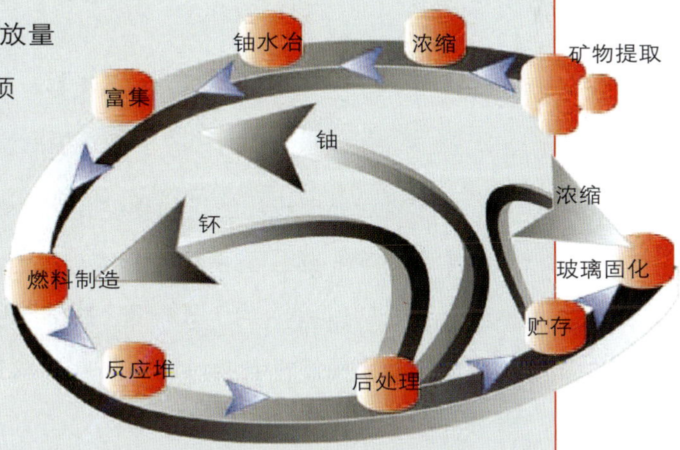

包括燃料制造、反应堆运行、燃料后处理和废物管理在内的核燃料循环图

放射性排放物

人工放射性核素可经由核工业、军事设施、科研机构、医院及普通的工厂排放到环境中。不管排放量是多是少都应受到监管机构的控制，排放必须经过批准并受到监测。排放放射性核素设施的业主或运营者应做好监测工作，某些监管机构同样要开展监测工作。

核工业排放的放射性活度最大。***核燃料循环***的每个环节都会以液体、气体或固体颗粒的形式释放出多种多样的放射性核素。流出物的性质依赖于具体的操作或工艺。

目前，核能发电量占全球总发电量的20%。在核设施的常规运行期间，放射性核素的释放量比较低，通常必须用环境输运模型才能估算出照射剂量。UNSCEAR针对核燃料循环中包括的采矿、水冶、燃料制造、反应堆运行及燃料后处理等所有工序，估算了当地的和附近地区的照射剂量，约为0.9人 · Sv/(GW · a)。目前全世界每年的核能发电量约为250 GW · a，因此每年的核能发电引起的集体剂量约为200人 · Sv。总体说来，个人剂量比较低，每年低于1 μSv，但某些个人由于其居住地和食物等原因或许会接受较高的剂量，应当受到剂量约束值（最大为300 μSv/a）的控制。

一旦发生了使当地受到明显污染的事故，则当地的剂量会明显高于上述的剂量约束值。如果情况合适，应采取适当的措施尽量减少群众所受的剂量，如同切尔诺贝利核电站那样在其周围设立限制区。这种措施可大大降低个人及集体剂量。

核燃料循环排放物导致的年剂量

燃料循环的环节	流出物类型	最大受照人员/mSv	集体剂量/(人·Sv)
燃料制造	气载	0.01	350
	液体	0.01	
反应堆运行	气载	0.001	380
	液体	0.004	
燃料后处理	气载	0.05	4 500
	液体	0.14	

核燃料后处理设施的排放物使食用当地海产品的人受到了很大的照射，年剂量最高达到0.14 mSv，这主要是**锕系元素**造成的。排放到空气中的^{90}Sr及其他放射性核素，导致每年低于0.05 mSv的个人剂量，这是食用当地的牛奶和蔬菜造成的。气载排放物导致的集体剂量主要源于食物中的^{14}C，每年接近500人·Sv。液体排放物导致的集体剂量主要源于鱼中的^{137}Cs，每年约4 000人·Sv。

在许多国家中，虽然向环境中排放放射性物质的问题现在已受到了严格的控制，但在过去并不总是得到应有的管理的。尤其是冷战时期，当时的某些军用设施所采用的废物管理方法，对于现代化的民用设施而言当然是不可接受的。一个具体的例子是俄罗斯联邦车里雅宾斯克附近的马雅克设施，该工厂周围及捷恰河下游地区的污染水平非常高，某些当地人在其一生中可能会受到很高的剂量（最高达到1 Sv甚至更高）。

贫　铀

在1991年海湾战争期间及20世纪90年代围绕南斯拉夫分裂的冲突期间，都使用了***贫铀***（DU）弹。虽然这种武器使战场上军人受到损害的风险，要放在不证自明的其他种种风险的大背景下才能进行讨论，但贫铀弹的使用已经引起了对随后的健康后果的关注，这是指冲突结束后对服役官兵及对公众这两类人员的健康后果。

正如前面已经讨论过的，环境中天然存在着铀，它广布于地壳、淡水及海水中。因此，我们人人都在受着铀的同位素及其衰变产物的照射，所接受的剂量随当地情况的不同而变化很大。DU是铀燃料循环的副产品，在该循环中，天然铀要进行富集处理，才能给核电站提供合适的燃料。它之所以称作贫铀是因为它的一部分^{235}U同位素被提走了。在燃料富集过程中，铀同位素的大部分衰变产物也被除去了。

军火中的贫铀是密度很大的金属，由于此类军火的消耗增高了环境中的铀含量，因此对此表示关注是可以理解的。人们对于操作完好无损的贫铀金属也有担心。计算表明，进入刚受到贫铀武器攻击的坦克的军人，由吸入的蒸气和尘埃导致的剂量最高可能达到几十mSv。相反，事后某个时候在相同的当地环境中受到再悬浮尘埃照射的老百姓接受的剂量，很可能要低一千倍，典型值仅为几十μSv。操作裸的贫铀金属的接触剂量约为2.5 mSv/h，主要来自β辐射，这种辐射穿透力不强，仅影响皮肤。即便如此，有必要劝阻人们不要收集裸的贫铀军需品，如有可能应完全避免。

因此，来自贫铀的剂量确实存在，而且在某些情况下，军人所受的此种剂量是不可忽视的。在冲突过后的阶段中，人们受到的剂量可能要低得多，相对而言也比较容易避免。

污染区域的管理

正如我们已经知道的（以及将要从后面几章的其他例子中了解到的），由于人类的各种活动，世界上的许多地区已被放射性核素污染。在污染水平较高的地区，或许需要采取一些措施以确保该地区供人们居住或用作其他用途时是安全的。对于面积较小的区域，可以将污染的土壤及其他物料运走，但对于面积较大的区域，由于被污染的物料太多，就不能用这种方法了。

其他一些保护措施包括限制进入或使用这些区域，例如，禁止在被可能产生较高水平的氡气的采矿废物污染的地区建房。也可用化学方法使得从土壤进入食物的放射性物质减少。例如，给吃了切尔诺贝利地区受污染牧草的牛食用一种叫做“普鲁士蓝”的化学物质，以增加牛排泄铯的速率，使其不能进入牛奶和牛肉。再一个例子是在比基尼岛的土壤中加入钾，使树木停止吸收铯。

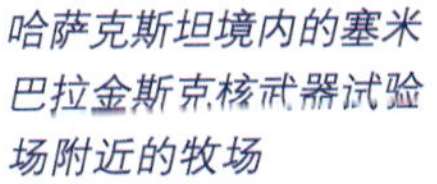

哈萨克斯坦境内的塞米巴拉金斯克核武器试验场附近的牧场

总剂量

除了某些军用设施及上面提及的那些设施之外，向环境排放人工放射性核素的其他设施，使大部分受照者受到的年剂量都不会高于0.02 mSv；它们也不会对集体剂量有显著的贡献。因此，平均说来，由排放的人工放射性核素（不包括某些军用设施排放的）引起的最大有效剂量大约为0.14 mSv/a，集体有效剂量约为5 000人·Sv/a，或者说按全球人口平均的有效剂量为0.001 mSv。

从油菜籽中提炼油为白俄罗斯被切尔诺贝利事故污染的土地开辟了一个新的生产性用途
V. Mouchkin/IAEA

第十一章　核 电

自 20 世纪 50 年代起，人们就一直在利用核反应堆发电。2003 年年初时，世界上的 30 个国家中共有 441 台核电机组在运行，总装机容量为 359 GW。

核反应堆

核反应堆的运行依赖于中子与燃料的原子核之间的核反应。铀作为几乎所有反应堆的燃料，主要由两种同位素组成，即 ^{235}U 和 ^{238}U。早期的反应堆使用天然铀作为燃料，它所包含的这两种同位素的质量百分数分别为 0.7% 和 99.3%。目前大多数正在运行的反应堆使用的是***富集铀***，它所包含的 ^{235}U 约占 2.5%。

^{235}U 的原子核吸收中子并发生***裂变***时就释放能量。所谓裂变，就是 ^{235}U 的原子核分裂为 2 个携带着巨大能量的碎片（或称***裂变产物***），并伴随着释放几个高能中子（或称***快中子***）及一些 γ 射线。这些中子在反应堆中被减速，以便诱发其他 ^{235}U 原子核裂变。此类中子常被称作***热中子***，依靠热中子工作的反应堆被称为***热中子反应堆***。与 ^{235}U 不同的是，^{238}U 的原子核吸收***快中子***后，并不发生裂变而是变成 ^{239}U，最终衰变为 ^{239}Pu。^{239}Pu 吸收热中子后可以发生裂变，也可以俘获中子后形成其他的锕系元素，如镅或锔。目前正在考虑的一个问题是给某些反应堆供应混合氧化物燃料（记作 MOX），它是富集铀和从***乏燃料***后处理中回收的钚的混合物。这被认为是使燃料回用和控制可用于制造核武器的钚的储量的一种好方法。

燃料在核反应堆中被组装成阵列状的堆芯。堆芯内还包含称作***慢化剂***的材料，通常为水或石墨，它能减缓中子的速度，或称作使中子热化。燃料中由裂变产生的热量靠冷却剂（通常为水或气体）导出，然后让冷却剂通过热交换器以产生蒸汽，再由这些蒸汽驱动汽轮机发电。

^{235}U 裂变示意图

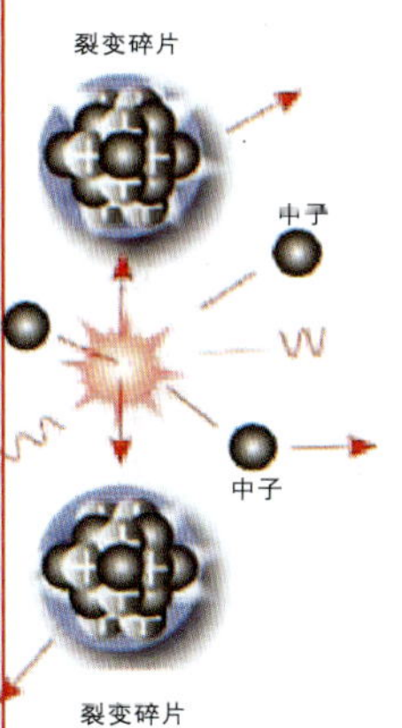

燃料密封于金属包壳中，堆芯被置于压力容器中（在某些设计中，燃料元件被装在单独的压力管中）。厚重的混凝土屏蔽有助于吸收运行期间和运行之后堆芯发射出的强烈辐射。多数反应堆还附加了一个密封的安全壳，把反应堆以及通常还把热交换器包了起来。

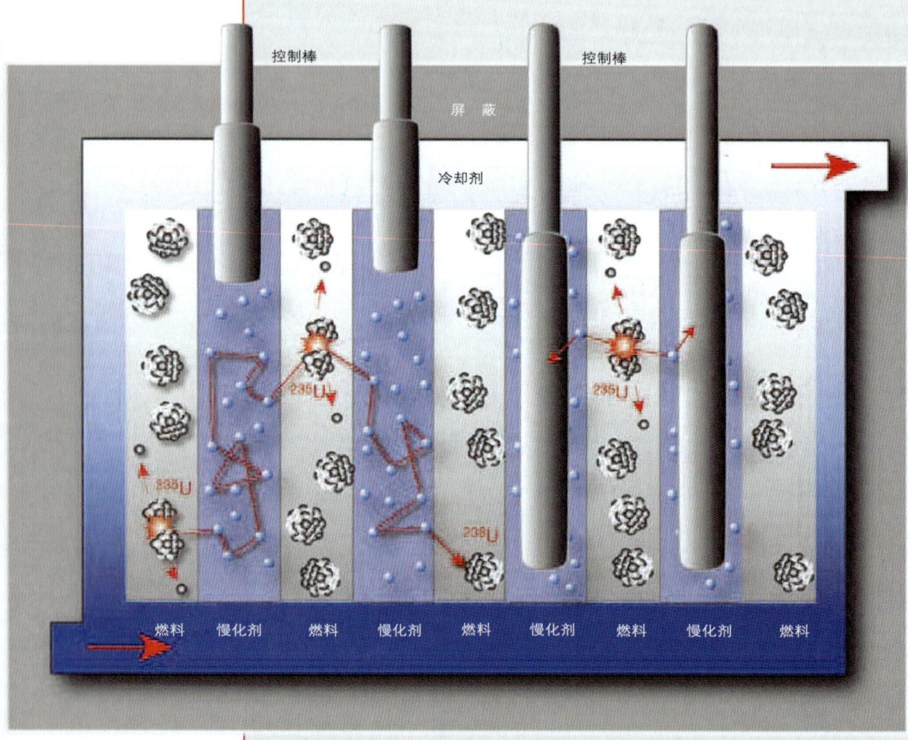

核反应堆示意图

新燃料仅有轻微的放射性，不需屏蔽即可装卸。但是，一旦装入反应堆中，反应堆运行后其活度即大大增强，这主要是由于在燃料中产生了裂变产物。这意味着，反应堆一旦发生事故就有可能释放出大量的放射性物质。用过的燃料称作乏燃料，从反应堆中取出之后仍然还有余热，因此除了要加以屏蔽以减少辐射照射外，还必须加以冷却以防止乏燃料熔化。

虽然对于所有的核电站而言安全都是至关重要的，但自从发生了切尔诺贝利事故和苏联解体以来，人们特别关注 WWER 和 RBMK 这两种反应堆的安全性。在许多国际合作项目的支持下，由于东欧和前苏联专家们的努力，在提升这些反应堆的安全性方面已取得了很大的进展。

反应堆的主要类型

压水堆（PWR）、沸水堆（BWR）及 WWER 堆（前苏联的一种类似于PWR 反应堆的设计），这几种反应堆均使用水作为慢化剂和冷却剂；

重水堆，如加拿大设计的CANDU 堆，使用重水（即水中的氢原子被氢的同位素氘代替的水）作为慢化剂和冷却剂；

气冷堆，使用二氧化碳气体作为冷却剂，通常用石墨作为慢化剂；以及

RBMK 堆（水冷却－石墨慢化反应堆），该设计最初是前苏联开发的。

第十二章 废物管理

在第十章中，我们介绍过核燃料循环会排放各种流出物，但在实践中，放射性废物不仅来自核燃料循环的各个环节——从铀矿开采、铀的加工直到废旧核设施的拆除——而且还来自涉及放射性物质的医疗、工业和科研活动。

不同的国家对放射性废物有不同的分类方法，但有几类是普遍都有的

免管废物的放射性浓度很低，以致没有必要使用不同于普通的非放射性废物所用的方法进行处理。

中低放废物包括，在处理放射性物质的区域中使用过的纸张、衣服和实验设备之类的物品，污染的土壤和建筑材料，以及对排放至环境前的气体或液体流出物或贮存乏燃料的冷却池中积聚的淤泥进行处理时用过的、残留有较强放射性的物质。

短寿命废物包含的主要是半衰期相对较短（小于30年）的放射性核素，所含的长寿命放射性核素的浓度非常低。

开矿和肥料加工过程产生的NORM废物

NORM（天然放射性物质）废物包括，含有浓度相当低的天然放射性核素（但它们的浓度往往比自然界中的高）、但数量常常非常大的废物。这种废物产生于铀和其他矿物（如化肥中使用的磷）的开采和加工。

α 废物（或称超铀废物）在某些国家中被单独分为一类，是指含有发射α射线的放射性核素（诸如钚的同位素）的废物。

高放废物仅指来自反应堆的乏燃料（在某些国家中将它视为废物）或指乏燃料后处理时产生的高放液体。这种废物的体积很小，但其活度很高，以至能产生相当大的热量。

废物管理的目标是以适当的方式对废物进行处理使其适合贮存及***处置***，然后把废物贮存起来或处置掉，使其不再能给当代及后代的人类带来不可接

废物类型	典型来源	特点	处置
免管废物	含有极少量放射性核素的物质	可按照普通垃圾处理	普通的市政垃圾处置场
采矿废物	尾矿	体积庞大	尾矿库——将高品位尾矿回填入地下
NORM 废物	由矿物加工业的管道或设备上的垢迹构成的废物	放射性核素水平高于天然放射性核素的水平	低品位的作尾矿处理，高品位的贮存于地面
中低放废物	污染的纸张、衣服和实验设备，以及污染的土壤和建筑材料	产生少量的热	短寿命废物在近地表处置设施或中等深度的矿穴（深约60～100米）中处置
	处理冷却池流出物淤泥时用过的离子交换材料		在深地质处置设施建成前，将长寿命废物贮存起来
α 废物	来源同中低放废物，但带有 α（尤指钚）污染	在某些国家中，单独作为一个类别进行处理	地质处置，正在考虑中等深度（数十米）贮存
高放废物	乏燃料（当视为废物时） 后处理产生的高放液体	需要重屏蔽及冷却	地质处置（在稳定地质构造中的几百米深处）

受的危害。此处所说的处置仅仅意味着不打算回取，而不是不可能回取。

在许多国家中，短寿命放射性废物在近地表处置库中处置，这些处置库通常为数米深的线状沟，或建于地表或浅地表的混凝土地窖。被处置的废物顶上盖上几米厚的泥土，通常再加一层黏土以防渗水。有些国家用与此类似的方法处置大量的NORM废物，如铀矿的开采和水冶所产生的尾矿。例如，瑞典在福什马克波罗的海的海底下建了一个处置库，用于处置活度较高（但多数半衰期较短）的中低放废物。

许多中低放废物的性状并不适宜于立即处置，必须先将它们搀和到混凝土、沥青或树脂之类的惰性物质中去。过去有些国家曾在海洋中处置此类废物，但是自从《伦敦公约》禁止这样做之后，这些废物通常被贮存起来等以后做出了有关处置方法的决定再说。可能性最大的一种选择是在良好的地质条件中建造深地质处置库。虽然许多国家打算建造这种类型的地质处置库，但目前只有美国正在运行着一座“废物隔离中试厂”（WIPP），建于新墨西哥州，用于处置含锕系元素的废物。

瑞典的地下处置库

当打算将来把乏燃料直接处置掉而不是后处理时，可先把乏燃料贮存在反应堆厂区内或贮存在专门的集中存放设施中。贮存的部分目的是要让乏燃料得到冷却，而且很清楚，冷却工作必须继续到处置设施投入使用为止。后处理过程中产生的高放废液通常被保存在专用的冷却罐中，但目前正在建造将它混入玻璃材料中使之固化的设施。固化后得到的玻璃块将要保存数十年，并要允许它们在最终处置（可能是深地质处置）之前不断得到冷却。

已玻璃固化的高放废物

退　役

退役是在核设施（或设施的一部分）或使用放射性物质的任何其他场所的使用寿命结束时发生的一种过程，目的是得到一种安全而长期的解决方法。这一过程可以包括设备或建筑物的去污、设施或构筑物的拆解、运走残余的放射性物质或使之稳定化。在许多情况下，最终目的是清除掉厂区内的所有明显的放射性残留物，但这样做并不总是可能的，或者说并不总是必需的。

德国的格赖夫斯瓦德和莱茵斯贝格退役工程
J. Ford/IAEA

核燃料取走之后，专门对反应堆的压力容器为退役作业增加了屏蔽

迄今为止，相对而言，很少有大规模的商用核设施已经完全退役。但是已经从各种各样设施的退役工作中获得了大量经验。此类设施包括几台核电机组、几座原型堆和研究堆，以及许多实验室和车间，等等。世界上的许多核反应堆正在接近其使用期限的终点，这一事实使人们把注意力集中到了与退役相关的许多问题上。

退役工作需要严加管理，以便使工作人员和公众得到最恰当的保护。为了处理核设施中放射性最强的部件，特别是反应堆堆芯，已经开发出了许多远程操作技术。大型设施的拆解也会产生大量的“废物”。有些废物可能是中低放废物，需要进行相应的管理。但是，也有大量建筑材料，如钢材和混凝土，它们并无明显的放射性。可能需要制定专门的规程，以便将这些材料划作可免管的材料，即可以不按放射性废物处理。

处置标准

负压压实室，拆下来的碎片在此处被压实和装入特制的容器中

关于从放射防护的角度及从更广义的社会角度判断废物处置方法的可接受性时所用的标准问题，已经讨论了很多。多数人的意见似乎是对后代人的保护应该与对当代人的保护相同。但是，很难将这条要求转变成切实可行的放射防护标准。例如，放射性或许要数千年以后才会从地下深处的处置库中窜出来，我们也无法预知在遥远的未来我们后人的生活方式和生活习惯是个什么样。

第二条要求是要适用下面的这条原则：所有的照射应当是在考虑到经济及社会因素的情况下可合理达到的尽量低。这意味着管理特定类型的废物（包括废物的处理、固化、包装及处置）时会有多种选择，应该以相关的危害、代价以及其他的不大好定量但并非不重要的因素为基础，对这些选择进行比较。有些比较肯定是属于放射防护的范围的，但做出最终决定的决定性因素有可能是其他的影响因素。

废物处置的社会难题是，对于用数学方法计算出的有关遥远未来的有害效应的概率，现在究竟要给予多大的重视。虽然我们在这里特别强调一下这个问题，但它并不是废物处置和放射防护所特有的。最合乎道德的答案是设想目前的这种状况能延续下去，对后代人的损害与对当代人的损害同等重要。当然，这种响应必须根据预测千百年后的潜在效应的不确定度作些调整。

其他的废物管理实践

在过去进行的其他的废物管理实践中，由于种种原因，有些做得并不像它们应该做到的那样好，而且已经导致了对环境的真实的或潜在的长期污染。

同样，有一个例子来自军事部门。前苏联（和后来的俄罗斯联邦）北方舰队的许多核潜艇已停止服役多年。许多这样的核潜艇目前停靠在码头上，等待妥善的处理。但是在早先的某些案例中，前苏联将来自核潜艇反应堆的废物甚至反应堆燃料倒入了海中，尤其是北冰洋的喀拉海和巴伦支海。在1993年至1997年间，由IAEA负责协调的“国际北极诸海评估项目”审查了这种情况，结论是，由于放射性物质从固体废物中释放出来的速度较慢，又经过了海洋的稀释，因而公众成员受到的剂量是很低的（每年小于0.001 mSv）。驻守在这个海域的军人可能会受到相当高的剂量，与已经受到的来自天然来源的剂量相当（最高每年几mSv）。

塔吉克斯坦未经复原处理的铀尾矿
F. Harris/IAEA

世界上有几个地区受到了堆积如山的由放射性矿石开采与加工产生的废物的影响。造成这种情况的最常见原因是开采铀矿，但是在某些地区，天然放射性核素的含量如此之高，以至于开采其他类型的矿石挖出的泥土或岩石（其中一些可追溯至中世纪）也具有明显的放射学危害。众多的工业，如化肥制造业和石油与天然气工业，也可产生性质类似的废物。所涉及的放射性核素全都是天然的，因此，直到最近才将这些废物视为一个放射学问题。矿石中的放射性核素水平一般高于平均值，化学或物理的加工处理也常常使这种水平升高，因而它们的废物的放射性核素水平明显地高于自然界通常见到的水平（尽管与核废物相比其放射性浓度不能算很高）。此外，这些放射性核素的半衰期特别长，废物量常常大得惊人。

这些废物是能够安全地得到管理的，例如，采取工程措施用坝蓄收尾矿并覆以黏土顶盖，加拿大、美国、德国和澳大利亚等国已经采用了这种方法。但是，一些发展中国家，如中非诸国及本来属于前苏联的部分中亚国家，没有足够的财力可以采用这种方法处理数量如此巨大的物料。除其他国际组织外，IAEA正在帮助这些国家寻找安全的解决办法。

第十三章　紧急情况*

尽管在使用辐射与放射性物质时采取了各种安全措施，但放射性事故仍时有发生。

核设施中可能会发生紧急情况并导致放射性物质的意外释放。这些放射性物质有可能弥散至厂区边界以外，因而需要采取应急措施以保护公众。在有些情形下，释放是短暂的，有的则拖得较长。1957 年在温斯克尔（英国）和克什特姆（前苏联，现俄罗斯联邦）、1979 年在三里岛（美国），以及 1986 年在切尔诺贝利（前苏联，现乌克兰），都发生过重大事故。虽然这样的事故是非常罕见的，但谨慎的做法是做好应付此类事故的准备。

毁坏之遗迹及从戈亚尼亚事故期间受到污染的房屋内取出的碎砖

最为常见的意外事故为涉及医疗、工业、科研和军事应用中的放射源的事故。近年来，IAEA 平均每年要接到三四起此类意外事故的报告。在这些事故中，由于放射源的丢失、被盗、丢弃或操作错误导致人员受到高剂量的照射。1987 年在巴西戈亚尼亚发生的事故，有 4 人因受到在废弃建筑物内发现的一个医疗用放射源的高剂量照射而死亡。自从这起事故以来，全世界已发生了十多起涉及放射源的致死事故（参看第 66 页表）。

1999 年在日本东海村发生的事故与众不同，因为它涉及到持续的核反应。事故发生在富集铀的化学处理过程中，是由于疏忽大意造成的。唯一释放的放射性物质是半衰期很短的少量放射性核素。这起事故的放射学危害是直接照射，特别是来源于其中正在发生核反应的容器的中子辐射的照射。由于没有预见到有可能发生这样的反应，该建筑也就没有设置核电厂中均有的那种防护性屏蔽，所以事故产生的辐射使该建筑物外面的剂量也比较大。

由于有些意外事故的后果能够波及至事故发生国以外，因此已经制定了具有法律约束力的有关紧急情况的国际协定。拥有正在运行的核电机组的所有国家（及其他的 50 多

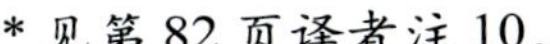
* 见第 82 页译者注 10。

个国家）都是《及早通报核事故公约》的缔约国。该公约要求缔约国如果发生了有可能影响邻近国家的事故就应及时通知这些国家。它们还必须通知IAEA，IAEA随后将帮助传播有关事故状况的信息。80多个国家还是《核事故或辐射紧急情况援助公约》的缔约国，它们承诺，当发生紧急事件时，如果任何国家提出请求，它们就会提供援助。同样，该公约规定，IAEA要在传播有关信息并协调援助方面起重要的作用。

核紧急情况

为确保有足够的应付事故的防护措施，国家颁发核许可证的部门要求业主对反应堆之类的大型核装置进行详细的安全分析。这些分析要列出可能导致放射性核素释放的潜在的事故序列。应急预案要以对下面这种序列的研究为基础：它有可能导致能够理智地预见到的、非常大的释放，而且一旦发生了不大可能发生更为严重的事故，这种释放还有可能增强和扩大。

举例来说，如果反应堆发生事故，则多种核素就可能以气体、挥发物或粒子的形态排放至大气，然后在风的作用下以放射性烟羽的形式被带走、扩散和稀释。部分放射性核素会降落到地面，尤其是如果当时正在下雨的话。空气中放射性核素的浓度从厂区开

烟羽的扩散和沉降示意图

放射性物质被风带走

直接辐照

吸入

雨水把放射性物质从烟羽带回地面

食物被污染

来自污染的直接辐照

始顺着下风向迅速下降，所造成的危害同样迅速减弱。即使如此，沉降到很远处的地面上的放射性核素的数量仍有可能相当可观。

防护对策

发生事故时，采取措施以减少事故发生地附近居民的受照剂量或许是必需的。可采取的防护对策各色各样，有可能仅采取一种对策，也可能采取多种对策的组合。如果希望防护对策能在发生事故时起作用，则其中的有些措施（称作应急措施）确实有必要在放射性物质实际释放之前就启动。这就是说，必须根据工厂中目前正在发生的事（以及预计会发生的事）做出决定，而不是等到探测到放射性泄漏后才做出决定。有时这意味着某些预防性的防护对策最终可能证明是没有必要的，但这样做总比临时抱佛脚好。

事故发生后，可以建议公众待在家里或干脆离开家园，直到放射性烟羽飘过本地上空或工厂已经停止释放为止。人们可以服用非放射性的碘片，以阻止放射性碘进入甲状腺。也许还需要采取暂时禁止销售当地产的牛奶、蔬菜及其他食品的限制措施。放射性烟羽飘过之后，或许要采取一些简单的防护对策，如冲洗道路和小径以及剪除花园中的草，以除去物体表面的放射性。

当紧急情况结束后，在其后的较长的恢复期内，也许有必要采取其他一些防护对策，以保护公众免受残余放射性的危害。

拥有核装置的国家及可能会受到邻国境内发生的事故影响的其他许多国家，应备有精心制定并反复演练过的应对核紧急情况的预案。每一座核设施的所在地都应该有应急预案，并要让当地的公众知晓。该预案必然会涉及营运单位的职工、当地政府机构及应急服务部门。国家的政府部门及相关机构当然也要参与，每个部门均应配备放射防护设备和专门人才。

典型的应急预案设想的事件序列大致如下。在事故的早期阶段，营运者要将保护公众的措施通知警察。立即在离开事故发生地一定距离的地方设立协调中心，各相关部门的负责人和技术顾问将在该中心就保护公众的行动做出决定。此类行动除了相应的防护对策外，还包括环境监测。此外，还要就向新闻媒体发布信息一事做出安排。

如上所述，由于核事故的影响范围较大，《及早通报核事故公约》也要求发生了有可能影响邻国的核事故的任何国家要及时通报 IAEA 及可能受到影响的任何国家。

发生紧急情况时的防护对策

待在家里躲过烟羽

暂时离开家园

服用碘片

禁售已污染食品

不仅仅核装置需要制定应急预案。任何使用辐射源的地方，均应有应对可能发生的各种意外情况的预案。当然，此类预案的规模不必与核电站应急预案的规模一样大，但也应该涉及到所有可以想得到的事故。

干预标准

事故后可能采取的另一类防护对策ICRP称之为干预。我们在第六章中已介绍过，干预必须被证明是正当的和最恰当的。这里只需再补充一句，为避免剂量高得足以引起任

供采取防护对策用的国际干预水平

防护对策	被保护器官	可避免的剂量水平*
隐蔽	全身（有效的）	2天内10 mSv
撤离	全身（有效的）	一周内50 mSv
服用碘	甲状腺	100 mGy

某些食物及饮用水的行动水平

关键放射性核素	牛奶、婴儿食品及饮用水／(Bq/kg)	其他食物／(Bq/kg)
^{90}Sr		100
^{131}I	100	
^{239}Pu	1	10
^{137}Cs	1 000	1 000

来源:《基本安全标准》中的一览V，表V–I

*见第82页译者注11。

何受照人员（特别是儿童）受到明显的伤害，必须采取防护对策。

《基本安全标准》规定了采取保护公众的防护对策用的剂量干预水平。这些值可用于确定在特定情况下采取哪种行动是最适合的。

切尔诺贝利事故的发生，促使FAO和WHO的食品规范委员会引入了食物的放射性污染行动水平。这些行动水平是针对事故后头一年的情况制定的，供国际贸易使用，但也为国家主管部门提供了食用当地食物制品方面的有用的指导意见。

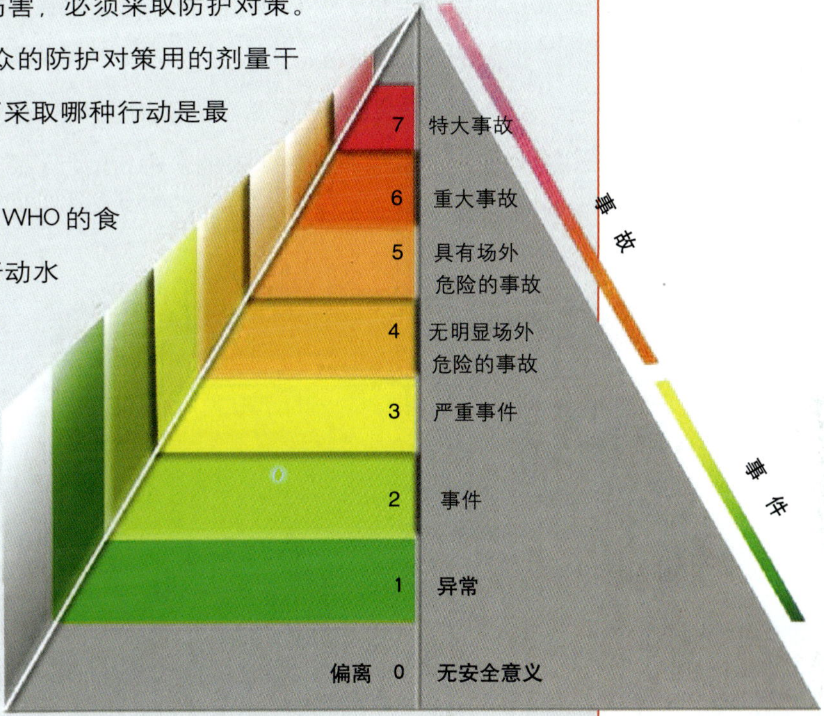

国际核事件分级表（INES）：用于迅速传递事件的安全意义

新闻报道

在多数情况下，当某一台核装置出现故障时，不同层次的安全系统能确保局面得到控制，不会进一步发展成事故。仅在极个别的情况下，当几个层次的安全系统都失效时才会导致事故（或事件）的发生。为了向媒体及公众简单明了地说明事件的严重程度，IAEA及OECD/NEA共同设计了“国际核事件分级表”（INES）。该表将各种核事件划分为0至7级：0级意味着有问题但安全系统工作正常，并在危及工作人员或公众之前已恢复正常；7级则意味着规模与1986年切尔诺贝利事故相当的大型核灾难。

其他的辐射紧急情况

与核事故一样，应对涉及放射源的紧急情况的危害包括两方面：一方面是尽力避免发生事故，另一方面是做好一旦发生事故便迅速响应的准备。

为了防止放射源事故发生，应该确保只有具有相应资质并经过培训的人员才可使用和保管放射源。应当遵守放射源的使用和管理规程，确保放射源得到正确的使用，不出现丢失、损坏或被盗，并且不发生放射源失控的情况。这要求国家主管部门拥有一个能跟踪放射源的位置和谁对放射源负责的合适而可靠的体系。在过去的几年里，IAEA通过其技术合作项目，在帮助许多国家建立供管理其管辖下的放射源用的此类体系方面做出了很大的努力。尽管取得了某些进展，但事故仍在发生，这说明工作还没有完全做到家。

事故一旦发生，可能需要采取措施来恢复对有关放射源的控制并使其处于安全状态，要对因这起事故而受到照射的人进行治疗，要调查发生事故的原因从而获得今后如何避免此类事故再次发生的经验教训。在许多最近发生的此类案例中，有关国家曾根据《核事故或辐射紧急情况援助公约》请求IAEA帮助采取一种或多种此类措施。

IAEA正在帮助格鲁吉亚搜寻被抛弃在偏僻地区的放射源
P. Pavlicek/IAEA

第十四章　辐射源的危害

在日常的正常使用时，辐射源及辐射技术是在管理良好并受到合适的受监管的研究机构中由专业人员使用。如前所述，辐射源可以是产生辐射的装置或器件，如医疗部门使用的X光机或粒子加速器；也可以是密封于安全可靠的小盒或外壳中的放射性物质。有些放射源，特别是核医学和科研中使用的放射源，往往是非密封形式的放射性物质。如果事故中涉及辐射源，或如果放射源丢失或受到损坏，就会产生许多问题。

涉及辐射源的事故

工业中广泛地使用辐射源，管理不善或有时发生的判断错误，就能引发辐射源事故。

在过去的半个世纪里，已经报道了许多涉及辐射源和放射性物质的事故。有的人死于过度的辐射照射，更多的人严重受伤，甚至残废。在有些事例中，相关的环境受到严重破坏，其后的恢复非常昂贵。大型事故的共同点是违反安全或保安规定；另一个共同点是，若能强制执行专门为此目的制定和颁布的国际安全标准，则多数事故本来是可以避免的。

右手因辐射损伤而起泡

在1945年至1999年间，公开报道的涉及过度辐射照射的严重事故约有140起，分别发生在核工业、军工设施、医院、科研机构及常规工业中。发生频率最高的（共有约70起）是供工业射线探伤及医院放射治疗用的密封源的操作不当或滥用。在健康后果最严重的事故中，有些是在从废弃医疗设备中取出放射治疗用的源时发生的，这些操作者并未意识到会引起急性辐射危害。不幸的是，还有些事故是在治疗时发生的，通常是由于人的差错或刻度操作不合适导致患者受到过度照射。

下表列出了1987年至2001年间报道的导致死人的最严重的事故。

近些年来发生的致死辐射事故（1987—2001年）[a]

年份	地点	辐射源类型	由辐射照射引起的死亡人数		
			工作人员	公众	患者
1987	巴西戈亚尼亚	已取出的远距离治疗放射源		4	
1989	萨尔瓦多圣萨尔瓦多，	工业用消毒器	1		
1990	西班牙萨拉戈萨	放射治疗加速器			数人[b]
1990	以色列索雷克	工业用消毒器	1		
1991	白俄罗斯涅斯维日	工业用消毒器	1		
1992	中国	^{60}Co源丢失		3	
1992	美国	近距离放射治疗			1
1994	爱沙尼亚塔姆米库(Tammiku)	从废物处置库取出的放射源		1	
1996	哥斯达黎加圣何塞	放射治疗			数人[b]
1997	俄罗斯联邦萨洛夫	临界装置	1		
1999	日本东海村	临界事故	2		
2000	泰国	^{60}Co源丢失		3	
2000	埃及	^{60}Co源丢失		2	
2001	巴拿马	放射治疗过度照射			数人[b]

注：

a 仅包括核设施及非核工业、科研及医疗机构内发生的事故。

b 这些事故中受影响的个体为接受放射治疗的癌症患者，因此归因于过量照射的死亡人数不详；过量照射患者数为萨拉戈萨26人、圣何塞115人和巴拿马28人。

在这三起事故中，过量照射被认为可能是导致数人死亡的直接原因或主要原因。

放射源丢失导致的污染事件

放射源一般是密封的，放射性物质被牢固地装在或塞在合适的小盒或外壳里；另一些放射源由非密封形式的放射性物质组成。密封源理应只存在外照射的可能性。但是，除了非密封的放射性物质外，已损坏或泄漏的密封源，也可以导致环境受到放射性污染及放射性物质被摄入人体。

废弃的放射源意外地随着回收的废旧金属一起被熔化的事件，引起了人们的特别关注。下表列出的是涉及到出现在金属回收行业中的放射源的大型放射性污染事件。

这里的每一起事件均对相关行业产生显著的经济影响，某些事件甚至还影响到环境及人体健康。除了这里列出的外，还有许许多多丢弃放射源的事例，只不过那些放射源被安装在金属回收行业里的辐射监测设备所发现，因而未酿成事件。在许多国家中，在回收设施中安装辐射探测器已成为越来越普遍的做法，因此，预计严重污染事件的数量会有所下降。

与源的丢弃有关的较大污染事件

被丢弃的源的类型	全世界报道的事件数（1983—1998 年）	涉及的金属回收行业
^{60}Co	15	钢（14），铜
^{137}Cs	30	钢（27），铝（2），铅
^{192}Ir	1	钢
^{226}Ra	3	铝（2），钢
^{232}Th	3	铝（2），钢
^{241}Am	3	铝，铜，金
其他	4	铝，铜，锌，铅
总计	**59**	

散布放射性的装置

在前面描述过的事件中，尽管有的涉及到并不知道这种危害的人偷盗放射源，但是试图恶意地使用放射源作为恐怖武器的情况还几乎没有。自从2001年9月11日恐怖分子袭击美国以来，对于恐怖分子使用常规的爆炸物和偷来的放射源制造散布放射性的装置或称作“脏弹”的可能性，许多人做了种种推测。这样的脏弹并不是真正的核武器，它的爆炸并不是核爆炸，但有可能将放射性物质散布到大约1平方公里的范围内。尽管它有可能如前面所述的事件那样使少量的当地群众伤亡，但总体的辐射效应比较有限。放射性物质散布的面积越广，其浓度越稀，群众可能受到的剂量也就越低。不管怎么说，此事有可能引发严重的社会混乱。制造这种装置的恐怖分子也可能受到较高的辐射剂量，甚至达到危险的程度。当然，如果他们能够获得放射源并且置自己的安全于不顾的话，造出这种装置还是可能的。这种可能性增强了必需采取有效措施确保放射源在永久处置前处于安全控制之下。

第十五章 放射性物质的运输

放射性物质通过航空、海路、公路和铁路在全世界范围内例行地运来运去。这些物质包括与核燃料循环——从铀矿石直到乏燃料与放射性废物——有关的物质、用于核医学和科研的放射性核素，以及用于工业及放射治疗的放射源。虽然这些运输的安全记录极佳，但有时也引起途经地区的关注，例如，一些国家一直对途经或靠近其领水的载有放射性废物的船只表示出特别的关注。

辐照过的核燃料元件的运输

因此，不仅需要依靠条例来确保有可能引起放射性物质散布入环境中的事故的发生概率最小，还需要依靠条例来确保参与运输的工作人员（包括装卸工人、司机或飞行员）受到保护。由于这种运输中许多为国际运输，因此运输安全成了IAEA制定安全标准时的首选领域。1961年，IAEA发表了《IAEA放射性物质安全运输条例》（以下简称《运输条例》）的第一个版本，其后则定期进行了修订。

该条例就下述各项内容做出了规定：在运输不同种类的放射性物质时必须采取必要的包装、防护、加标记等预防措施，包括货包必须经过试验以证明它们能经受得住可能发生的事故。这些要求按照待运输物料的活度水平被分为不同的等级。总的来说，危险性越大的放射性物质，需要更多、更坚固的包装，需要的质量控制措施及行政管理措施也更严格。

IAEA的《运输条例》被广泛地用作全球运输放射性物质的标准。在有些国家中，IAEA

的这个条例被吸收进了其本国的法律或法规中。另一些国家虽有自己的管理放射性物质运输的法规，但均与IAEA的这个条例保持一致。适用IAEA的这个条例的另一条途径是通过国际的危险货物运输条例。不同的国际组织针对不同的运输方式颁布了各自的管理条例，如国际民用航空组织（ICAO）的空运危险货物条例、国际海事组织（IMO）的海运危险货物条例及地区组织如欧共体的内陆运输委员会的陆地及内陆水路运输危险货物条例。这些组织的条例涵盖所有类型的危险物质，其中涉及放射性物质的部分均以IAEA的《运输条例》为基础。

人们普遍认为遵守IAEA的《运输条例》（直接地或通过其他条例）就可确保工作人员及公众的安全，但是经常有人对特定的装运是否遵守该条例提出疑问。IAEA的调查一直认为本条例得到了广泛的贯彻执行。成员国若希望证明自己确实是遵守IAEA的这个条例的，则可以请IAEA对它们执行该条例的情况进行考核。IAEA将派国际同行评审组访问该国，研究其执行情况，然后就他们的结论及推荐意见提出报告。

检验乏燃料运输容器耐火车撞车事故冲击的能力

附录 A　术 语

吸收剂量：电离辐射授予单位质量物质的能量。单位为戈［瑞］，符号为 Gy。1 Gy=1 J/kg。

锕系元素：从***原子序数***为 89 的锕到***原子序数***为 103 的铹共 15 种***元素***的总称。它们都是***放射性元素***，包括铀、钚、镅和锔。

活度：***放射性物质***中的核素发生转变的速率。它被用作存在的***放射性核素***量的量度。单位为贝可［勒尔］，符号为 Bq。1 Bq 等于每秒一次转变。

阿尔法（α）粒子：由***放射性核素***发射出的由两个质子与两个中子组成的粒子（即氦的***原子核***）。

原子：由一个原子核及围绕着它的若干个***电子***组成的物质的最小单元，电子的个数等于原子核中的***质子***的个数。它是能与其他原子进行化学结合的***元素***的最小单元。

相对原子质量：以 ^{12}C 的***原子***的质量的 1/12 为单位（称作"原子质量单位"）表示的***元素***的***同位素***的质量（1 原子质量等于 1.66×10^{-27} kg）。

原子序数：***原子核***中的***质子***数。符号为 Z。

贝可勒尔：见***活度***。

贝塔（β）粒子：***原子核***或***中子***在核转变过程中发射出的***电子***或***正电子***。

近距离放射治疗：在体内或体表使用密封放射源治疗某种癌症。

染色体：存在于生物体内的***细胞核***中的杆状物。它里面含有***基因***或遗传物质。人类有 23 对染色体。

集体剂量：某一群体中的每个人所接受的***辐射剂量***的总和。常指***集体有效剂量***。

集体有效剂量：限定的某一群体中的所有人（经常指受到特定来源的***辐射***照射的所有人）受到的***有效剂量***的总和。单位为人·希［沃特］，符号为人·Sv。时常简称为***集体***

剂量。

（含有放射性物质的）**消费品**：含有少量***放射性***物质的产品，诸如烟雾报警器、夜光刻度盘或离子发生器。

宇宙射线：来自外层空间的高能***电离辐射***。地球表面处的宇宙射线的组成比较复杂。

衰变：***放射性核素***自发转变的过程，或者是指***放射性***物质的***活度***由于这一过程而减少。

衰变产物：由***衰变***产生的***核素***或***放射性核素***。它可以由***放射性核素***的***衰变***直接生成或经过几种***放射性核素***的一系列***衰变***生成。有时称***衰变***子体。

退役：为了使设施解除监管控制而采取各种行政管理措施与技术措施的整个过程。***退役***一般包含将设施解体，但也并不总是必需的。

贫（化）铀：铀中 ^{235}U 的质量分数低于 0.7%（***天然铀***中 ^{235}U 的质量分数）的铀。它是生产***富集铀***的副产品。

放射诊断：医学中使用辐射（如 ***X射线***）或放射性物质确定患者的疾病或受伤情况。

处置：就***放射性废物***而言，是指将它安放在合适的***设施***里，不打算回取。

DNA：脱氧核糖核酸。一种控制细胞结构与功能的化合物，它就是遗传物质。

剂量：***辐射***留在照射对象中的能量的量度的通称。请参看比较具体的术语***吸收剂量***、***当量剂量***、***有效剂量***和***集体有效剂量***。常指***有效剂量***。

有效剂量：便于反映出可能由该***剂量***引起的***辐射危害***的大小的那种***剂量***的量度。它等于每个组织或器官的***当量剂量***乘以相应的组织权重因子后所得乘积之和。单位为希[沃特]，符号为 Sv。组织权重因子见第三章。

电相互作用：同种电荷之间的相互排斥力或异种电荷之间的相互吸引力。

电磁辐射：由相互之间垂直地振荡着的电场与磁场组成的辐射。它的范围非常宽，从波长很长（能量较低）的无线电波，到波长中等的可见光，再到波长很短（能量较高）的 ***γ 射线***等。

电子：一种稳定的基本粒子，带有 1.6×10^{-19} C 的负电荷，静止质量为 9.1×10^{-31} kg。

电子伏特：辐射物理学中使用的能量单位。其值等于一个电子通过 1 伏特的电势差时获得的能量。符号为 eV。$1\ eV = 1.6 \times 10^{-19}$ 焦耳（近似值）。

元素：由具有相同***原子序数***的原子组成的物质。

富集铀：铀中 ^{235}U 的质量分数高于 0.7%（天然铀中 ^{235}U 的质量分数）的铀。

当量剂量：组织或器官受到的、便于反映出该组织或该器官中受到的损害的大小的那种***剂量***的量度，它等于***吸收剂量***与辐射权重因子的乘积。单位为希［沃特］，符号为Sv。辐射权重因子是为了考虑不同类型的***辐射***在使组织或器官受到损害方面的效力不同而设置的，具体数值见第三章。

红斑：由于血管扩张引起皮肤变红。可以由较高的***辐射剂量***引起。

激发：***辐射***将能量授予***原子***或***分子***但没有引起其***电离***的过程。这部分能量可以被***原子核***或***电子***吸收，并且可以在这些***原子***或***分子***"松弛"下来时以***辐射***的形式释放出来。

放射性落下灰：沉降在地球表面的、由核武器试验或核事故产生的气载放射性物质。

快中子：能量较高的（即快速运动的）***中子***，诸如由核***裂变***产生的中子。在反应堆物理中，通常定义为动能大于 0.1 MeV 的***中子***，相应的速度大约为 4×10^6 m/s。

快中子堆：主要靠***快中子***诱发裂变的***核反应堆***。

（核）**裂变**：一个重原子核分裂成质量为同一***数量级***的两个部分（在罕见的情况下可多于两个）的现象，通常伴随着发射***中子***与 ***γ 射线***。

裂变产物：由核***裂变***产生的***核素***或由这些***核素***后来的***放射性衰变***产生的***核素***。

自由基：指含有不配对电子的***原子***或原子团。其化学性质普遍非常活泼。

（热核）**聚变**：两个较轻的***原子核***的聚合，其结果是至少生成一个比原来的两个***原子核***中的任何一个都重的原子核，并释放出多余的能量。

伽玛（γ）射线：***原子核***进行放射性衰变期间发射出的贯穿性***电磁辐射***，其波长远比可见光短。

盖革－弥勒计数管：一种核辐射探测器，封套为玻璃或金属，内充低压气体并有两个电极。***电离辐射***能引起放电，这种放电形成的电脉冲可用计数器记录下来。脉冲数与***剂量***的大小有关。

基因：具有遗传效应的 *DNA* 分子的片段。它位于***染色体***上，并在染色体上呈线性排列。

戈瑞：见***吸收剂量***。

半衰期：对***放射性核素***来说，***活度***通过放射性衰变减少至原有值的一半所需的时间。符号为 $t_{1/2}$。

离子：通过丢失或捕获***电子***而得到或失去电荷的***原子***、***分子***或***分子***的片段。

电离：***原子***或***分子***得到或失去电荷的过程，即产生***离子***的过程。

电离辐射：就***辐射防护***而言，是指能在物质中产生离子对的***辐射***，例如 ***α 粒子***、***γ 射线***、***X 射线***及***中子***。

辐照：使受到辐射照射的行为。它可以是故意的，如通过工业辐照使医疗设备灭菌；也可以是意外的，如无意中接近发射辐射的源。辐照通常不会导致放射性污染，但会使人受到损伤，损伤的程度则与所接受剂量的大小有关。

同位素：***质子***数相同但***中子***数不同的***核素***。它并不是***核素***的同义字。

人·希沃特：见***集体有效剂量***。

质量数：***原子核***中的***质子***数与***中子***数之和。符号为 *A*。

慢化剂：***热中子堆***中用来降低***裂变***所产生的***快中子***的能量和速度，使之成为能引起下一次***裂变***的***热中子***的物质。

分子：化学上相互结合在一起的一组***原子***。它是物质中能保持该物质的特性并能独立存在的最小单元。

突变：在***细胞核***内的 *DNA* 中发生的化学变化。精细胞或卵细胞或者它们的前体中发生的突变，可导致后代出现遗传效应。体细胞中发生的突变所导致的效应只出现在该个体身上。

中子：一种不带电荷的基本粒子，质量约为 1.67×10^{-27} kg，平均寿命约 1 000 s。

非电离辐射：不是***电离辐射***的***辐射***。例如紫外线、可见光、红外线和射频辐射等。

核燃料循环：与生产核能有关的所有环节，包括：铀的开采与水冶、加工及富集；核燃料制造；***核反应堆***运行；核燃料后处理；任何相关的研究与开发，以及与放射性***废物管理***相关的所有活动（包括***退役***）。

核医学：使用***放射性核素***诊断或治疗患者的疾病的学科。

核反应堆：能维持和控制自持链式***核裂变***反应的装置（利用***聚变***反应的反应堆称为热核反应堆）。

原子核：***原子***中央带正电的部分，内含***质子***与***中子***。

细胞核：人类细胞中央控制细胞发挥机能的部分，内含重要的遗传物质 *DNA*。

核素：以***质子数***与***中子数***之和以及***原子核***的能态表征的***原子***的变种。

数量级：在科学记数法中，将某量的数值写成以10为底数的指数式时，指数的数目就是该量的数量级。

光子：***电磁辐射***的量子。

正电子：一种稳定的基本粒子，带有 1.6×10^{-19}C 的正电荷，静止质量为 9.1×10^{-31} kg（即除了电性相反外，其余特性与***电子***一样）。

压水堆：使用水作为***慢化剂***与***冷却剂***的***热中子反应堆***，并对水加压以防止其沸腾。

概率：特定事件的发生可能性的数学表述。

质子：一种稳定的基本粒子，带有 1.6×10^{-19}C 的正电荷，静止质量为 1.67×10^{-27}kg。

PWR：***压水堆***。

辐射：以波或粒子的形式在空间传播的能量。除了必需避免与***非电离辐射***混淆的场合，否则在正文中常用它指***电离辐射***。

辐射危害：受照个人或受照人群组及其后代由于他们受到***辐射***的***照射***最终有可能经受的各种损害之和。

放射性的：就法律法规而言，“放射性的”含义常常加以限制，仅用于指本国法律或***监管机构***指定为由于它们有***放射性***因而必须接受监管机构控制的那些物质。

放射性废物：就法律法规而言，含有***放射性核素***或被***放射性核素***所污染、其浓度（或***活度***）大于***监管机构***规定的水平、预期不会再使用的物质。

放射性：***原子核***发生自发随机转变的现象，通常伴随着发射***辐射***。

放射生物学：研究***电离辐射***对生物体的影响的学科。

辐射防护（或**放射防护**）：***保护***人类免受***电离辐射照射***效应的危害，以及达到这一目的的手段。

放射性核素：具有***放射性的核素***。

放射治疗：使用射线束治疗患者的疾病（一般为癌症）。

监管机构：由政府指定的拥有对核、辐射、放射性废物及运输安全进行监管的法定权力的组织。

风险：个人或人群组由于受到***辐射***的***照射***而出现特定***健康效应***的***概率***。

风险因子：假定的由受到单位***当量剂量***或单位***有效剂量***的***照射***造成的寿期***风险***或寿期***辐射危害***。单位为 Sv^{-1}。

闪烁计数器：含有在受到***电离辐射***照射时发出闪烁光的物质的器件。产生的闪光被转换成可被计数的电脉冲。脉冲数与***剂量***的大小有关。

希沃特：见***有效剂量***和***当量剂量***。

硅二极管：用硅化合物制成的器件，它在受到***电离辐射***照射时能让电流通过。所通过的电流被转换成可被计数的电脉冲。脉冲数与***剂量***的大小有关。

乏燃料：在核反应堆中，达到计划卸料比燃耗后从堆中卸出且不再在核反应堆中使用的核燃料。乏燃料中含有许多有价值的物质，必要时可以通过后处理加以回收利用。

热中子：与所处的介质处于热平衡状态的***中子***，即它们的平均热能与周围***原子***或***分子***的相同。中子在常温下的平均能量约为 0.025 eV，相应的平均速度为 $2.2 \times 10^3 m/s$。

热中子反应堆：主要靠***热中子***诱发裂变的***核反应堆***。

热释光材料：加热时可释放出与曾经受到照射的辐射量成正比的可见光的材料。

废物管理：在***放射性废物***的装卸、处理、整备、运输、贮存和***处置***中涉及的所有行政管理活动和操作活动。

X 射线：***原子***中的***电子***损失能量时由***原子***发射出的贯穿性***电磁辐射***，其波长远比可见光短。请与***伽玛射线***比较。

附录B 符号与单位

科学记数法

在辐射防护领域，用科学记数法而不是十进制记数法表示所遇到的数字往往更方便，因为这些数字的跨度很大。它的形式为有效数字乘以10的相应的幂。附表为几个例子。

将十进制记数法转换成科学记数法

十进制记数法	科学记数法
1 230 000	1.23×10^6
100 000	10^5
3 531	3.53×10^3 [a]
15.6	1.56×10^1
0.239	2.4×10^{-1} [b]
0.001	10^{-3}
0.000 087	8.7×10^{-5}

注：

a 保留三位有效数字。

b 保留两位有效数字。

词　头

有些10的幂有专用的名称与符号。这些符号可以作为词头加在测量值的单位前面：如千克（符号kg，等于10^3 g）；毫米（符号mm，等于10^{-3} m）。现用的各种词头见下表。

词　头

因数	英文词头	中文词头	符号	因数	英文词头	中文词头	符号
10^1	deca	十	da	10^{-1}	deci	分	d
10^2	hector	百	h	10^{-2}	centi	厘	c
10^3	kilo	千	k	10^{-3}	milli	毫	m
10^6	mega	兆	M	10^{-6}	micro	微	μ
10^9	giga	吉[伽]	G	10^{-9}	nano	纳[诺]	n
10^{12}	tera	太[拉]	T	10^{-12}	pico	皮[可]	p
10^{15}	peta	拍[它]	P	10^{-15}	femto	飞[母托]	f
10^{18}	exa	艾[可萨]	E	10^{-18}	attp	阿[托]	a
10^{21}	zetta		Z	10^{-21}	zepto		z
10^{24}	yotta		Y	10^{-24}	yocto		y

符　号

在辐射防护领域，大量使用符号。通常元素都用符号表示，例如，碳用C表示，钡用Ba表示，铅则用Pb表示。通常借助上标与下标表示特定核素的质量数与原子序数，如 $^{14}_{6}C$，$^{140}_{56}Ba$，$^{210}_{82}Pb$。原子序数常常被省略，如 ^{14}C。

下表中列出了一些常用符号。如果某个单位的符号在其右上角有一上标"−1"，这就表示这个单位处于整个单位的分母部分，或表示的是"率"。例如，希沃特每小时可写成 $Sv \cdot h^{-1}$ 或 Sv/h。

辐射防护领域常用符号一览表

符号	术语	符号	术语
α	α 粒子	A	质量数
β	β 粒子	eV	电子伏特
γ	γ 射线	Bq	贝可勒尔
e	电子	Gy	戈瑞
p	质子	Sv	希沃特
n	中子	man · Sv	人 · 希沃特
Z	原子序数	$t_{1/2}$	半衰期

单　位

若干年前，几个主要的电离辐射量的单位换成了本书中所用的单位。读者也可能会见到旧的单位，下表示出它们之间的转换关系。

新旧电离辐射单位之间的关系

量	旧单位	符号	新单位	符号	转换关系
活度	居里	Ci	贝可勒尔	Bq	$1\ Ci=3.7\times10^{10}\ Bq$
吸收剂量	拉德	rad	戈瑞	Gy	1 rad=0.01 Gy
当量剂量[a]	雷姆	rem	希沃特	Sv	1 rem=0.01 Sv

注：
a 过去称"剂量当量"。

参考文献

IAEA出版物

www.iaea.org

Radiation Protection and the Safety of Radiation Sources (Safety Fundamentals), Safety Series No. 120, IAEA, Vienna (1996).

International Basic Safety Standards for Protection against Ionizing Radiation and for the Safety of Radiation Sources, Safety Series No. 115, IAEA, Vienna (1996).

The Safety of Nuclear Installations (Safety Fundamentals), Safety Series No. 110, IAEA, Vienna (1993).

The Principles of Radioactive Waste Management (Safety Fundamentals), Safety Series No. 111-F, IAEA, Vienna (1995).

Low Doses of Ionizing Radiation: Biological Effects and Regulatory Control: Invited Papers and Discussions (Proceedings of a conference, Seville, Spain, 17-21 November 1997), Proceedings Series, IAEA, Vienna (1998).

Legal and Governmental Infrastructure for Nuclear, Radiation, Radioactive Waste and Transport Safety (Safety Requirements), Safety Series No. GS-R-1, Vienna (2000).

Preparedness and Response for a Nuclear Radiological Emergency (Safety Requirements), Safety Series No. GS-R-2, Vienna (2002).

ICRP 出版物

www.icrp.org

1990 Recommendations of the International Commission on Radiological Protection, ICRP Publication 60, Ann. ICRP **21**(1-3), Pergamon Press, Oxford and New York (1991).

UNSCEAR出版物

www.unscear.org

UNSCEAR 2000 Report on Sources and Effects of Ionizing Radiation to the General Assembly (2 Volumes), United Nations, Vienna (2000).

UNSCEAR 2001 Report on Hereditary Effects of Radiation to the General Assembly, United Nations, Vienna (2001).

OECD/NEA

www.nea.fr

欧洲委员会

europa.eu.int/comm/energy/nuclear/index_en.html (nuclear safety and radioactive waste)

europa.eu.int/comm/environment/radprot/index.htm (radiation protection)

译者注

1 “剂量的量”的原文为dose quantities，此处未译成“剂量学的量”。因为这一小节讲述的只是与剂量有关的几个量，并未涉及剂量学（dosimetry）中的其他许多量。

2《国际电离辐射防护和辐射源安全基本安全标准》在有关risk的定义中说，risk是个多属性量，也就是说在该书中甚至在整个辐射防护领域，它有不止一个含义，将它统一译成“危险度”或“危险”显然不合适。本书给出的risk的定义是“个人或人群组由于受到辐射的照射而出现特定健康效应的概率”（见本书附录A），显然它只是risk的多个含义之一。国内医学界有关这一含义的标准用语是“风险”，因此本书将这一含义的risk译成“风险”。本书也多处出现过risk的其他含义，如第一章第1个小标题“利（益）与（危）害”（benefits and risks）和第十四章的大标题“辐射源的危害”（risks from radiation sources）中的“危害”。

3 ICRP的“推荐书”的原文为recommendations，此处未译成“建议书”，因为proposals才是“建议书”，常见于商务谈判。建议谁都可以提，可听可不听，推荐意见则大不一样。

4 “关于实践的ICRP辐射防护体系”的原文为ICRP system of radiological protection for practices。其实际内容就是三项基本要求，因此可以考虑将它改译成“关于实践的ICRP辐射防护三原则”。

该“体系”中的三项要求的原文一般是justification of a practice, optimization of protection和individual dose limits，常译成“实践的正当性”、“辐射防护最优化”和“个人剂量限值”。现在看来，也许应改译成“证明实践的正当性”、“使保护最恰当”和“适用（或遵守）个人剂量限值”。理由如下：

1）仅从修辞角度看，这样的表述才与它们既是要求又是原则的身份相符。

2）justification和optimization是由justify和optimize派生出来的名词，看来此处应该按动词的含义译，第一项要求的名称就是这样处理的。

3）就第二项要求的名称而言，其中的optimization不宜译成“使……最优化”，而是应该按它的另一个义项“使……最恰当[适合]”译。本书关于该项要求的具体内容中就避开了不易理解的“protection shall be optimized”，而是改用“all reasonable steps should be taken to adjust the protection”（采取一切合理的措施使人员得到保护）。此外，本书第十二章中的“Decommissioning requires strict control of operations to optimize the protection of workers and the public.”（退役工作需要严加管理，以便使工作人员和公众得到最恰当的保护。）也可说明，此处的protection是动词性质的“保护”而不是名词性质的“防护措施”。

4）第三项要求的名称则是参照本书的用语application of individual dose limits改译的。

5 关于“实践的正当性”和下面的“辐射防护最优化”和“个人剂量限值”这三项要求的具体内容，《国际放射防护委员会1990年建议书》、《国际电离辐射防护和辐射源安全基本安全标准》（1996年英文版）及本书的表述，没有一个是完全相同的，尽管它们的中心意思基本相同。这说明人们的认识在演变。此外，中华人民共和国国家标准GB/T 4960.5—1996《核科学技术术语 辐射防护与辐射源安全》、GB 18871－2002《电离辐射防护与辐射源安全基本标准》和《国防科技名词大典 核能》（2002年）有关这三项要求的具体内容的表述，同样是不尽相同的。“辐射防护最优化”的情况尤其如此，这恐怕与人们原先对optimization与protection的理解不够确切有关。

6 “关于干预的ICRP辐射防护体系”的情况，与“关于实践的ICRP辐射防护体系”的情况类似，此处的两项要求也许应改译成“证明干预的正当性”和“使干预最恰当”。

7 “剂量约束值”的原文为dose constraint，不宜译成“剂量约束”。

8 “监管”的原文为regulatory，此处未译成“审管”。在核领域，regulatory的译名经历了“管理的”、“审管的”和“监管的”三个阶段。20多年前，当时国内还没有“监管”的概念。现在的情况已大不一样，“监管”一词已经用得非常普遍。国家核安全局范围内也早已采用“监管”这一术语。相应的“审管机构”（regulatory body）都已改成了

“监管机构”。Regulatory 的另一个义项是“法规的”，从该小标题下的正文看，此处的 regulatory 似乎是个双关语，因此译成“法规与监管（方面的）”。

9 “基础结构”的原文为 infrastructure。汉语中目前用得很多的“基础设施”按习惯仅指硬件，也就是说，当 infrastructure 仅指硬件时，可以译成“基础设施”。此处的 infrastructure 是指法律法规和监管机构这样的“软件”，不宜译成“基础设施”，此处按习惯仍译成“基础结构”。也许更好的译法是将此处的 infrastructure 译成“基础条件”，即将“法规与监管基础结构”(regulatory infrastructure) 改译成“法规与监管（方面的）基础条件”，并将此段正文中的“安全基础结构”(infrastructure for safety) 改译成“安全基础条件”。看来，既包括硬件又包括软件的情况都可以这样处理。

10 “紧急情况”的原文为 emergency，此处未译成“应急”。emergency plan（应急预案）中的 emergency 才可译成“应急”。

11 “可避免的剂量水平”的原文为 dose level to be averted，不宜译成“可防止的剂量水平”。